역사와 현대 건축의 만남

유럽의 유네스코 세계유산과
공존하는 현대 뮤지엄 건축 이야기

역사와 현대 건축의 만남

이관석 지음

경희대학교 출판문화원

프롤로그

유럽의 구도시를 거닐다 보면 타임머신을 타고 과거로 간 느낌이 들곤 한다. 수백 년 전의 길과 건물들에서 지금도 사람들이 잘 살아가고 있고, 몇몇 문화유산들은 천 년, 2천 년 전의 시간을 소환한다. 20여 년 전 학업을 마치고 파리 9구의 집을 떠날 때 서운했지만, 언제 다시 와도 그대로일 거라며 스스로를 위로했었다. 그 후 갈 때마다 잠시 들르는, 지어진 지 백수십 년이 지났지만 변함없이 그 자리에 있는 집과 길이 여러 세대의 겹겹이 쌓인 추억을 고스란히 품은 채 반겨준다. 살던 집의 목재 대문에 달린 구球형의 낡고 뭉툭한 구리 손잡이는 오히려 더 반들거린다. 큰애가 한두 살 때 모래 놀이를 했던 작은 공원의 미끄럼틀은 새것으로 바뀌었지만, 여전히 그 자리다.

그렇다고 파리의 구도심이 온전히 옛것으로만 채워진 것은 아니다. 오래된 가로街路에 시차를 두고 가끔 새로 지어진 건물들이 들어서 있다. 대부분은 수줍게, 아주 드물게는 눈길을 끌며 모습을 드러내지만, 기존과 별다른 마찰을 일으키지 않는 것이 희한하다. 유럽의 구도심들 가운데 런던이 조금 혼란스럽기는 했다. 뒤에 다시 언급하겠지만, 제2차 세계대전 중 파리는 상대적으로 피해를 덜 입었다. 반면에 바다 건너편에 있는 런던은 히틀러Adolf Hitler, 1889-

1945가 100여 일 동안 많게는 하루에 1,000대가 넘는 폭격기와 전투기를 보내 런던과 주변 지역을 공습해 많은 건물이 불길에 휩싸였다. 런던은 무너진 건물들을 다시 세우면서 그 후의 다양한 건축 경향을 유럽의 다른 전통도시들보다 더 관대하고 과감하게 수용했다. 반면에 전란의 피해가 컸던 독일 대도시들의 구도심은 종전 후 원래 모습으로 복원하는 데 주력했다. 한 예로 연합군의 반격으로 건물 대부분이 허물어졌지만 사진 등의 자료를 활용해 본래의 모습으로 되돌아간 프랑크푸르트 시청 앞 광장 주변은 언제 그런 일이 있었는지 묻는 것 같다. 패전의 상처를 빨리 잊는 방법이기도 했을 것이다.

시선을 우리에게로 돌려보자. 목구조인 우리 전통건축은 서구의 석조건축보다 내구성이 약한 데다 여러 차례의 전화戰禍와 일제의 의도적 훼손으로 오래된 원본 상당수가 소실되거나 손상됐다. 그 후 유례없이 빨랐던 산업화로 인한 급격한 도시화는 가까운 과거의 흔적마저 신속하게 뭉갰다. 젊은 세대 중 상당수는 바로 한두 세대 앞의 거주환경조차 잘 모르고, 일부 그런 곳이 남아 있대도 낯설어하곤 한다.

쇼펜하우어A. Schopenhauer, 1788-1860의 말처럼 사람은 자신이 보는 시야의 한계를 세상의 한계로 받아들인다. 다양한 매체를 통해 안방에서 전 세계의 구석구석을 시공을 초월해 커다란 화면으로 접할 수 있는 요즘도 마찬가지다. 현장에서 직접 발로 걸으며 눈으로 보고 몸으로 체험하지 않으면 어떤 대상이든 진정한 본질은 알기 어렵다. 전 국토에서 급격하게 일어났던 변화였기에 지난 삶의 자욱이 깡그리 사라지는 것이 얼마나 우울한 일인지를 우리는 잘

프랑크푸르트 시청 앞 Frankfurt am Main 광장의 1870년 광경

프랑크푸르트 시청 앞 Frankfurt am Main 광장의 오늘날 야경

몰랐다. 정신적 피폐를 우려할 여유도 없었다. 과거가 사라지고 훼손된 거주환경에 대한 반성으로, 우리 민족의 정통성과 정체성을 되찾고 유지하기 위해 최근 들어 그나마 조금 남은 근대의 기억을 지키자는 목소리들이 생겨났다. 일부를 근대 문화유산으로 등재해 철거 위험에서 방어막을 치기도 한다. 수익성 추구만을 위한 파괴적 개발에 공공성이 제동을 거는 것이다. 엉망으로 짓는 것에 대한 반성뿐 아니라 마구잡이로 부수는 행태에도 문제가 많음을 뒤늦게나마 인식하기 시작했다.

과거를 지키려는 선의는 엉뚱한 결과를 가져오기도 한다. 가장 대표적인 옛 도시인 경주 같은 곳에서는 고민이 많다. 전통적 이미지만을 고수하려는 꽉 막힌 태도가 현대 건축물로 과거와의 조화를 찾아보려는 의욕을 간단히 일축하곤 한다. 일부나마 출중한 문화유산이 남아 있는 고전적 환경의 보존이라는 명분이 절대적 위세를 부린다. 하지만 현대 구조물 위에 어색하게 기와를 얹는 등 맹목적인 과거 답습은 어색하고 퇴행적이기만 하다.

이 책은 고풍스런 역사적 환경이 잘 보존되고 있는 대륙이자 서구문화의 집산지인 유럽은 이런 문제에 어떻게 대처하는가에 관심을 둔다. 전통을 지킨다는 것은 과거에 집착하는 것과는 다르다. 유럽의 오늘을 보면 전통이 과거에의 고착이나 회귀가 아니라 계속해서 진화하는 변화임을 알 수 있다. 전통은 미래로 전달되어야 하므로 현재가 없으면 안 된다. 경주같이 현재를 회피하면 미래를 기약할 수 없다. 과거를 고수하는 것만이 유일한 해결책이 아님은 분명하다.

유럽의 역사적 장소에 새로운 건축 행위가 적용된 사례들을 찾아봤다. 그중 국제적으로 존재가치와 보존의 필요성이 공인된 유네스코[1] 세계유산 보호구역UNESCO World Heritage Site이나 그에 버금가는, 등재를 기다리는 잠정목록 사이트 안에 새로 지어진 현대 뮤지엄들을 주목했다. 세계가 가치를 인정하고 함께 보존하는 데 힘쓰는 역사적인 장소에서 다른 용도였던 기존의 고전적인 건물들을 개·보수를 통해 뮤지엄으로 바꿔 사용하는 사례는 유럽에서 자주 접할 수 있다. 이때는 주변의 기존 환경에 주는 충격이 크지 않다. 하지만 그런 곳에 새로운 뮤지엄을 짓는 것은 전혀 다른 문제다. 기획부터 특별한 동기가 있어야 할 테고, 그렇더라도 신축 허가를 받는 것 자체가 어렵고 드문 일일 수밖에 없다. 무수한 제약을 뚫고 새로 짓고자 하는 제안이 받아들여져 성취된 뮤지엄들에 마음이 끌렸다.

지구촌 곳곳에서 건립되어 국내외 건축 관련 문헌에 속속 등장하는 현대 뮤지엄들을 정리해오던 긴 리스트에서 위의 조건에 해당하는 신축 뮤지엄 11곳을 찾아냈다. 유럽에 있는 유네스코 세계유산 보호구역만도 400곳이 넘어 조건에 해당하는 뮤지엄이 더 많을 줄 알았다. 하지만 다른 용도였던 건물이 개·보수 후 뮤지엄이 된 경우들을 제외하니 신축된 뮤지엄은 드물었다. 이 책의 주된 관심이 현대 건물이 이웃한 역사적 기념물이나 건축물과 어떻게 조화를 이루고, 그러면서도 현대 건물로서 각자의 정체성을 어떻게 찾았는지를 확인하는 데 있으므로 신축된 뮤지엄을 들여다보는 것이 취지에 맞았다.

선정된 11곳의 뮤지엄들은 유럽의 유네스코 세계유산 보호구역이나 잠재목록 사이트 안이나 가까이에 있으면서 새로 들어설 뮤지엄 계획에 직접 영향을 미칠 만큼 역사적으로 중요한 특정 기념물이나 건축물들과 시선을 교류한다. 서로의 존재와 생김새에서 영향을 주고받는다. 여기서 가깝다는 말이 일정 거리를 특정하지는 않는다. 세계유산으로 등재되면 등재 유산(유산구역, nominated property)뿐 아니라 그 주변 지역(완충구역, buffer zone)도 보호 및 관리 대상이 된다. 등재될 때마다 통제해야 할 완충구역의 면적을 구체적으로 명시하고 그 경계가 지도상에 표시된다. 그러나 동의가 이루어지면 없어도 되는 완충구역은 획일적으로 정해지는 것이 아니라 세계유산으로부터의 가시성visibility과 세계유산으로의 가시성을 기본으로 유동적으로 결정된다. 사람의 시선을 끄는 정도 혹은 쉽게 보이는 정도가 물리적 거리보다 더 영향을 미치기 때문이다.

세계유산 보호구역 안이나 보호구역 경계선 바로 밖에 신축됐지만 시각적으로 직접 교류하며 영향을 주고받을 특출한 문화재가 없어 11곳의 뮤지엄에 포함되지 않은 신축 뮤지엄도 3곳 있었다. 중부 유럽에서 역사적 중심구역을 가장 잘 보존하고 있어 1999년에 구도심 전체가 유네스코 세계유산 보호구역으로 등재된 오스트리아의 2대 도시 그라츠Graz가 2003년 유럽 문화 수도European Capital of Culture로 선정된 것을 기념해 신축된 그라츠 미술관Kunsthaus Graz이 그렇다. 이 미술관은 존재 자체로 주변에 영향력을 행사하는, 존중하고 반응하지 않을 수 없는 절대적 대상과의 시각적 교류가 없다. 그래선지 전통적이며 예스러운 주변 맥락과는 무관한 비정형적 형태와 재료, 색채를 지녔다.

센 강변의 세계유산 보호구역 경계선을 살짝 벗어난 곳에 있는 퐁피두센터Centre Georges Pompidou, R. Piano & R. Rogers, 1972-1977도 문화적 용도의 건물로서는 생김새가 매우 도발적이다. 이 센터는 유네스코 세계유산 보호구역 안에 있는 파리 시청사Hôtel de ville de Paris, T. Ballu & É. Deperthes, 1874-1882와는 직선거리로 300미터 떨어져 있는데, 최상층의 카페테리아에 올라가서야 시청사 지붕만 살짝 보인다. 센 강변에 있지만 역시 세계유산 경계선 바깥에 있는 아랍 세계 연구소Institut du Monde Arabe, 1981-1987(넓은 전시공간을 갖고 있어 뮤지엄 건축에 속한다)를 설계한 장 누벨Jean Nouvel, 1945-은 그라츠 미술관을 설계한 피터 쿡Peter Cook, 1936-, 퐁피두센터를 설계한 렌조 피아노Renzo Piano, 1937-나 리처드 로저스Richard Rogers, 1933-처럼 기술 지향적인 건축가지만 강이라는 자연과 인공적인 주변 건물과 교감하는 평탄한 유리벽면의 건물을 제시했다. 이 세 뮤지엄처럼 유럽 구도심에서 이례적으로 성취된 사례나 다른 대륙에 있더라도 주제와 관련 있는 일부 현대 뮤지엄들은 이 책에서 중점적으로 들여다보는 뮤지엄 11곳과 함께 소개될 것이다.

여러 대륙 중에서 특별히 유럽의 유네스코 세계유산을 눈여겨본 이유는 서구문화의 발상지로서 서로 일련의 동질성까지 느껴지는 적절한 대상들을 찾을 수 있었기 때문이다. 여러 건축 유형 중 뮤지엄을 택한 것은 뮤지엄이 역사와 기술을 포함한 문화와 예술에 헌정된 건축 유형으로서 유네스코 세계유산 인근에 새롭게 들어서는 데 유리하고 건축적 제안에서도 유연성이 크다고 보기 때문이다.

이 책은 1장에서 유네스코 세계유산의 의미를 살펴보고, 8곳의 유네스코 세계유산과 인근에 신축된 11곳의 현대 뮤지엄을 관련된 곳끼리 묶어 소개하며 세계유산으로 지정된 사유와 왜 그곳에 뮤지엄이 신축됐는지를 확인한다. 대개 문화적·정치적·경제적 목적이 얽혀 있는 뮤지엄 건립 기획 의도를 파악함으로써 유네스코 세계유산 수준의 문화재 가까이에 들어설 수 있었던 타당성과 둘 간의 연관성을 이해할 수 있을 것이다.

2장에서는 먼저 유네스코 세계유산 인근의 신축 뮤지엄들이 인류의 소중한 문화유산과 조화를 모색하는 방안을 네 가지로 분류해 살펴본다. 첫째는 탄생을 널리 알려 가능한 한 많은 방문객을 초대해야 할 신축 뮤지엄임에도 자신의 존재감을 드러내는 것을 자제하는 경우다. 소중한 이웃을 위해 여러 뮤지엄이 자신을 지면 아래로 내리는 겸양謙讓의 자세를 취한 것이다. 뒤에서 다시 살펴보겠지만, 뮤지엄 건축의 특성이 이런 색다른 발상을 가능케 했다. 이어서 존중해야 할 이웃 문화재로부터 새 건물의 모티프를 따와서 닮음으로 보조를 맞추려는, 동조同調의 자세를 취하는 뮤지엄들이 있다. 닮음은 직설적일 수도, 비유적일 수도 있지만 뭔가 닮은 구석이 있으면 친구가 되기 쉬운 것은 건축도 마찬가지다. 부분적으로 또는 전체적으로 닮고자 할 수도 있고, 심지어 기술 지향적인 하이테크[2] 건축가가 유독 뮤지엄 건축에서만큼은 고전적인 주변을 잘 살펴 조화를 찾아가는 모습도 만날 수 있다.

또한, 유서 깊은 주변 맥락 안에서 근대성modernity을 추구하지만 새 건물이 상대와의 갈등을 유발하지 않고 오히려 기존 고전성과의 대비對比를 통해 상대방을 부각하는 뮤지엄들이 있다. 서로 다름에도 조화롭거나 차이를 통해 이웃을 돋보이게 하는 것이다. 마지막으로, 신축 뮤지엄 중에서 존중해야 할 이웃을 우러러보면서 앙망仰望하는 뮤지엄들이 있다. 미워서 째려보거나 두려워 흔들리는 눈이 아닌, 흠모와 존경을 가득 담은 순한 눈길을 던지며 적극적인 교류를 시도한다. 어떤 뮤지엄들은 이 네 가지 분류 중 복수의 방안에 해당하기도 한다.

이렇게 유네스코 세계유산과의 공존을 추구한 현대 뮤지엄들이 현대 건물로서 자신의 정체성을 어떻게 찾아가는지도 관심거리다. 새로 지을 뮤지엄을 계획할 때 과거의 존재를 참작하면서도 거기에 종속되지 않은 현대 건물로서의 가치도 지녀야 하기 때문이다. 과거와 대립하거나 어긋남이 없이 잘 어울리면서도 그 자리 또는 이 시대에 실재하는 성질을 확립하는 것은 건축의 숙명이다.

그 방안을 크게 모던한modern 접근과 모던 이후의post-modern 접근으로 분류할 것이다. 근대적 접근 방식으로는 자신의 모습을 감추거나 조형성을 최소화하는, 역설적이지만 무형無形과 간소簡素함으로 존재감을 얻으려는 방안과 모던 건축의 특성을 확실히 드러냄으로써 정체성을 확보하려는 두 가지 시도를 볼 수 있다. 모던 이후의 접근 방식으로는 다양한 현대 건축의 모습을 포괄해 과거의 건축을 직설적으로 참조하는 문자 그대로의 포스트모던적인 접근, 고전성과 어울릴 것 같지 않은 현대 철학을 건축에 적용하며 해결책을 찾아가는 시도, 최근 건축의 화두인 친환경적 생태건축의 면모를 드러내어 현대 건축물임을 알리는 방안으로 분류해 살펴본다.

역사는 적층된 맥락과 지역성이 응고된 불활성의 잔재가 아니라, 과거를 존중하면서 거기서부터 새롭게 시작할 수 있는 믿음직한 지침이다. 모던 이후는 모던을 폐기하고 나타난 것이 아니라 모던을 바탕으로 모던과 함께 변천하는 과정이다. 심지어 모던보다 훨씬 이전인 고전도 현대의 모체임은 마찬가지다. 과거지만 부정할 수 없고, 탁월하지만 맹종해서는 안 되는 버거운 이웃을 둔 현대 뮤지엄 건축이 겸손하지만 자신의 존엄을 지키며 주변과 조화롭게 살아가는 모습을 찾아 길을 떠나보자.

목 차

2장 신축 뮤지엄, 유네스코 세계유산과의 조화 추구와 정체성 찾기

유네스코 세계유산을 배려한 신축 뮤지엄의 제안

유네스코 세계유산 인근에서 현대 건축물로서의 정체성 찾기

1장

유네스코 세계유산과 현대 뮤지엄

유네스코 세계유산과
신축된 현대 뮤지엄의 드문 만남

유럽의 유네스코 세계유산과 가까이에 건립된 신축 뮤지엄의 관계를 살펴보기 전에 먼저 유네스코 세계유산이 무엇인지 알아보자. 세계유산이 어떻게 선정되고 그 의미가 뭔지를 알게 되면 가까이에 들어설 새 건물에 불가피하게 스며들 부담감, 그리고 이웃한 선조를 높여 귀하게 대해야 하는 책임감에 공감할 수 있을 것이다. 역사가 공인한 위대한 스승 앞에 선 신출내기인 현대 뮤지엄을 구상하며 건축가들이 펼치는 분투가 더 흥미로워질 것이다.

유네스코 세계유산의 성립과 의미

유네스코 세계유산 탄생의 발단이 된, 국경을 초월해 인류 문화유산을 지켜야 한다는 의식을 갖게 한 사건이 있었다. 1954년 이집트 정부가 나일강의 빈번한 범람을 막고 관개 및 농경을 위한 전력을 개발하기 위해 아스완 하이댐Aswan High Dam을 건설하기로 결정했다. 이로 인해 나일강 유역에 산재한 여러 고대 이집트와

아스완 하이댐

아부심벨 신전

고대 누비아Nubia 유적들이 새로 생길 나세르 호수Lake Nasser의 수면 아래로 수몰될 위기를 맞았다. 나일강을 공유하는 이집트와 수단 정부는 1959년에 이 유적들을 살려낼 수 있도록 도와주기를 유네스코에 요청했다. 그 이듬해에 유네스코 총장은 국제적 협조를 호소했다. 이에 호응한 다수의 탐사대가 출동해 수백 곳의 유적을 발굴·기록했고 수천 개의 오브제가 복구됐다. '누비아의 기념물들Nubian Monuments'로 알려진 20미터 크기의 좌상들,

필레 사원

암벽을 6미터 깊이로 파서 만든 아부심벨Abu Simbel 신전과 필레 사원Philae Temple 단지를 포함한 여러 중요한 사원들이 높은 지대로 이전됐다. 본래의 장소성sense of place을 잃은 것은 아쉽지만, 고대 이집트의 전성기를 이끈 람세스 2세Ramesses II, 재위기간 1279 BC-1213 BC가 금과 많은 귀중한 교역물품을 생산하는 누비아에게 힘을 과시하고 누비아 사람들을 이집트화하기 위해 기원전 1264-1244년 사이에 바위를 깎아 만들어 "아문Amun신이 사랑한 람세스 신전"으로 알려진[1] 이런 소중한 고대 유적을 물속에 가라앉힐 수는 없었다.

1980년에 성공적으로 완료된 이 프로젝트에 8천만 달러가 소요됐는데, 그중 4천만 달러는 50개국에서 각출한 모금으로 충당됐다. 그 후 베니스와 석호, 기원전 2600년경에 건설된 인더스 문명의 고대 도시인 파키스탄의 모헨조다로Mohenjo-daro 유적과 인도네시아의 자바Java섬 중앙에 8-9세기에 세워진 보로부두르 불교사원Borobodur Temple Compounds도 국제공조로 살려냈다. 이런 일련의 사건들은 그 과정 중에 유네스코가 기념물과 유적에 관한 국제위원회International Council on Monuments and Sites를 시작해 인류의 공동문화자산을 보호하려는 협약서 초안을 작성하도록 독촉했다.[2]

파키스탄의 모헨조다로 유적

자바섬 중앙에 위치한 보로부두르 불교사원

세계유산 목록을 제정하기 위한 협약은 유네스코 총회에서 1972년

11월에 서명됐고 1975년 12월부터 발효됐다. 이 협약은 자연적이든 인공적이든 역사, 예술, 과학, 자연학, 고고학, 또는 인류학적으로 '세계적인 가치가 뛰어난' 유적과 기념물을 조사하고 연구해 보호하자는 야심 찬 목표를 내세웠다. 그 덕분에 이제 세계유산은 유네스코가 문화, 역사, 과학 또는 기타 형태의 중요성이 있는 것으로 선정한 역사적 장소 또는 지역으로서 국제조약에 의해 법적으로 보호받고 있다. 그 유적지들은 인류의 집단적 이익에 중요한 것으로 평가된다.

유네스코는 세계유산을 문화유산, 자연유산, 혼합유산이라는 세 주제로 분류한다. 세계유산협약 제1조는 이 책에서 주목하는 8곳의 세계문화유산을 크게 기념물과 건물군, 유적지로 분류하고 정의한다. 기념물은 건축물, 기념 조각과 회화, 고고 유물과 구조물, 금석문, 혈거 유적지와 혼합유적지 가운데 역사, 예술, 학문적으로 탁월한 보편적 가치가 있는 유산을 말한다. 건물군은 독립됐거나 이어져 있는 구조물들로서 역사상, 미술상 탁월한 보편적 가치가 있는 유산을 지칭한다. 유적지는 인공의 소산 또는 인공과 자연이 결합된 소산 및 고고 유적을 포함한 구역에서 역사적·관상적·민족학적 또는 인류학적으로 탁월한 보편적 가치가 있는 유산이다. 자연유산은 무기적·생물학적 생성물로 이뤄진 자연의 형태, 지질학적·지문학적地文學的 생성물, 멸종 위기에 처한 동식물의 서식지, 세계적 가치를 지닌 지점이나 자연 지역을 대상으로 한다. 복합유산은 문화유산과 자연유산의 특성을 동시에 충족하는 유산이다.

문화적 자산이나 기념물 혹은 역사 지구로 세계문화유산 목록

에 오르려면 적어도 다음과 같은 기준에 한 가지라도 부합해야 한다.[3]

(i) 인간의 천재적인 창조성을 드러내는 걸작품이다.

(ii) 건축이나 기술, 기념비적인 예술작품, 도시 형태 또는 조경 디자인을 판단하는 데 있어서 어떤 문화권 내에서 일정한 시간을 거치는 동안 인류의 중요한 가치를 교류한 증거가 있다.

(iii) 문화적 전통 또는 현존하거나 사라진 문명에 비해 지극히 독특하거나 적어도 예외적인 특징을 갖추고 있다.

(iv) 건물의 양식, 건축이나 기술의 총체적인 효과 또는 인류 역사상 중요한 무대가 되어준 자연환경의 대표적인 사례다.

(v) 전통적인 인류의 거주지이거나 땅을 이용한 흔적이 명백한 사례로, 특히 증거들이 훼손되기 쉬운 상태에 처했거나 불가항력적으로 변화될 위기에 처해 있다.

(vi) 훌륭한 보편적 의미를 담고 있는 행사나 전통, 사상이나 믿음, 예술작품이나 문학작품과 직접적이고 명백한 관련이 있다.

이 선정기준에 따라 국가별로 등재를 희망하는 유산이 신청되면 서류심사를 거쳐 유산의 문화적·학술적·미학적 가치를 검토하게 된다. 이 과정을 통과한 후보지에 국제기념물유적협의회ICOMOS와 국제자연보전연맹IUCN에서 위촉한 조사단이 현지 파견되어 실사한다. 세계유산으로 선정되려면 그 전에 세계유산 잠정목록tentative list으로 분류된 랜드마크나 장소여야 하고, 어떤 면에서 고대 유적 또는 역사적 구조물, 건물, 도시, 사막, 섬, 호수, 기념비, 산 또는 황무지 지역처럼 특별한 문화적·물리적 의미가 있으며, 지리적 · 역사적으로 식별 가능한 장소로서 고유해야 한다.[4] 그것은 인류의 놀라운 업적을 나타낼 수도 있고, 지구상에서 우리의 지적인 역사의 증거가 될 수도 있다.

유네스코 세계유산 프로그램은 인류 공통의 문화와 유산에 탁월한 문화적 또는 자연적 중요성을 지닌 장소들을 목록화하고 명명하며 보존한다. 특정 조건하에, 등재된 부지는 세계유산기금에서 자금을 조달할 수 있다. 193개 국가와 민족이 이 협약을 비준해 가장 널리 인정받는 국제 협약이자 세계에서 가장 인기 있는 문화 프로그램 중 하나가 됐다. 2021년 8월 기준으로 167개국에 걸쳐 문화유산 879곳, 자연유산 217곳, 혼합유산 39곳을 합쳐 총 1,135곳이 세계유산 보호구역으로 지정되어 있다. 그 수는 계속 늘어나고 있지만, 보호관리가 제대로 되지 않으면 퇴출당해 등재목록에서 삭제되기도 한다. 2009년 독일 드레스덴 엘베 계곡Dresden Elbe Valley은 문화 경관의 중심부에 4차선 다리를 건설해 "기록된 탁월한 보편적 가치"를 유지하지 못했다며 등재 취소됐다. 2021년에도 '리버풀, 해양산업 도시Liverpool-Maritime Mercantile City'가 "리버풀의 세계유산 지정 지역 안팎에서 이뤄진 개발로 '뛰어난 보존적 가치를 전달하는 속성이 돌이킬 수 없이 손실됐다.'"며 세계유산 목록에서 삭제됐다.

우리나라는 현재 세계문화유산 13곳과 세계자연유산 2곳이 등재되어 있다.[5] 최근에 등록된 우리의 세계문화유산으로는 '한국의 서원'이 있다. 유네스코 세계문화유산 등재를 심사하는 세계유산위원회WHC의 자문기관인 이코모스가 성리학 이념이 투영된 조선

시대 교육기관인 9곳의 서원을 '현존하거나 이미 사라진 문화적 전통이나 문명이 독보적이거나 적어도 특출한 증거'임을 인정해 2019년 7월 '한국의 서원'을 등재 권고하면서 세계문화유산으로 인정받았다. 2021년 7월에 등재된 우리의 세계자연유산인 '한국의 갯벌'은 "지구 생물 다양성의 보존을 위해 세계적으로 가장 중요하고 의미 있는 서식지 중 하나이며, 특히 멸종 위기 철새의 기착지로서 가치가 크므로 '탁월한 보편적 가치'가 인정된다."는 평가를 받았다.

'세계유산협약 이행을 위한 운영지침Operational Guidelines for the Implementation of the World Heritage Convention, 2017'은 문화 및 자연의 세계유산이 개별 국가뿐 아니라 인류 전체에 소중하고 대체 불가능한 자산이며, 이러한 소중한 자산이 퇴락하거나 소실된다면 세계 모든 사람의 유산이 빈곤해진다고 경고하면서 그 존재의 소중함을 역설한다. 이 책에서 언급하는 뮤지엄 중 한 곳이 해당하는 잠정목록은 각 당사국이 세계유산 목록 등재신청에 적합하다고 판단한 대상으로서 자국 영토에 있는 유산의 목록이다. 따라서 당사국은 잠재적으로 탁월한 보편적 가치가 있다고 여기며 향후 등재를 신청하려는 유산의 상세한 정보를 자국의 잠정목록에 포함해야 한다. 신청유산이 당사국의 잠정목록에 포함되어 있지 않으면 세계유산 목록 등재신청서는 검토되지 않는다. 시간을 갖고 절차에 따라 신중하게 선정 과정을 거치는 것이다.

현대 뮤지엄이 인근에 건립된 유럽의 유네스코 세계유산

이 책에서 살펴볼 대상을 선정하기 위해 1960년대 이후 전 세계에 건설된 주요 뮤지엄을 정리한 리스트에서 유럽의 유네스코 세계유산으로 등재됐거나 잠정목록에 등록된 님Nîmes 구도심의 문화재 인근에 신축된 뮤지엄을 선별해 〈표 1〉을 얻었다. 잠정목록 사이트에 등록된 님 구도심에 들어선 카레 다르Carré d'Art의 경우 괄호 안의 숫자는 잠정목록 사이트에 등록된 연도다. 〈표 1〉에서 보는 바와 같이 신축 뮤지엄이 완공된 이후에 인근 문화재가 세계유산으로 등재된 경우도 여럿 있다. 이런 시차에도 불구하고 세계유산 등재 이전에 이미 각국의 중요 문화재로 보호받는 등 높은 가치가 인정됐음은 당연하다. 등재를 기다리며 잠재목록에 오른 문화재들의 가치 또한 존중받아 마땅하다.

〈표 1〉은 유럽에서 유네스코 세계유산 보호구역과 잠정목록 사이트에 등록된 8곳 가까이에 신축된 현대 뮤지엄 11곳을 보여준다. 3곳의 유네스코 문화유산 인근에는 현대 뮤지엄이 2곳씩 들어서 있다. 아를 구도심의 남서쪽에는 현재 발굴 중인 고대 로마 전차경기장과 불과 7미터 떨어진 곳에 아를 고대사박물관이, 구도심의 동쪽에는 고대 로마 원형극장과 서로 눈길을 주고받는 루마 아를이 건립됐다. 루마 아를을 품고 있는 루마 아를 예술 캠퍼스LUMA Arles arts campus에서는 다른 건축가에 의한 리노베이션도 동시에 진행됐다. 하지만 프랭크 게리Frank Gehry, 1929-에게 위임된 루마 아를 타워는 개조된 다른 건물들과 떨어진 채 아를 구도심을 의식하면서 새로 계획된, 전시공간을 품은 신축 건물이어서 주요 논의

〈표 1〉 유럽 유네스코 세계유산 근처에 신축된 현대 뮤지엄

유네스코 세계유산 (가입 연도)	신축된 현대 뮤지엄: 이름	건축가	장소	건립 연도	유네스코 세계유산과 신축 뮤지엄의 위치 관계
아를의 고대 로마 및 로마네스크 유적 Roman & Romanesque Monuments of Arles (1981)	아를 고대사박물관 Musée de l'Arles Antique	Henri Ciriani	Arles	1983-1995	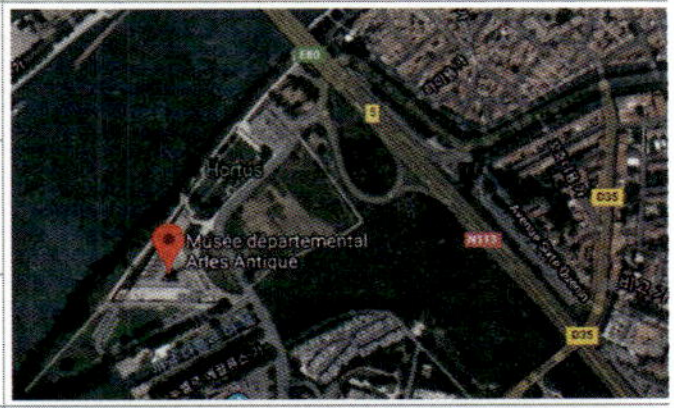
	루마 아를 LUMA Arles	Frank O. Gehry	Arles	2014-2021	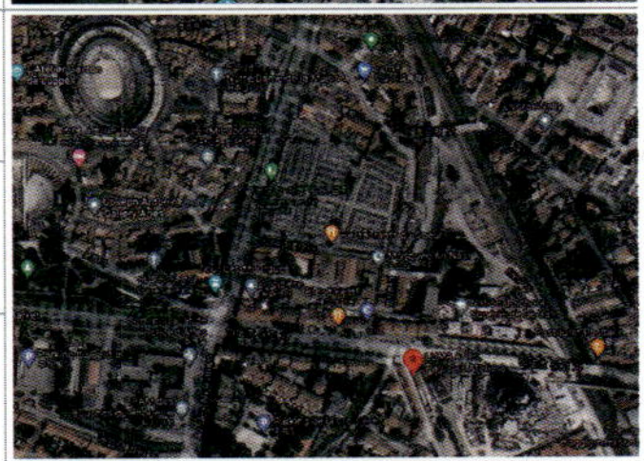
알타미라 동굴 Cueva de Altamira (1985)	국립 알타미라 뮤지엄 및 연구센터 National Museum and Research Center of Altamira	J. N. Baldeweg	Sanillana del Mar	1995-2001	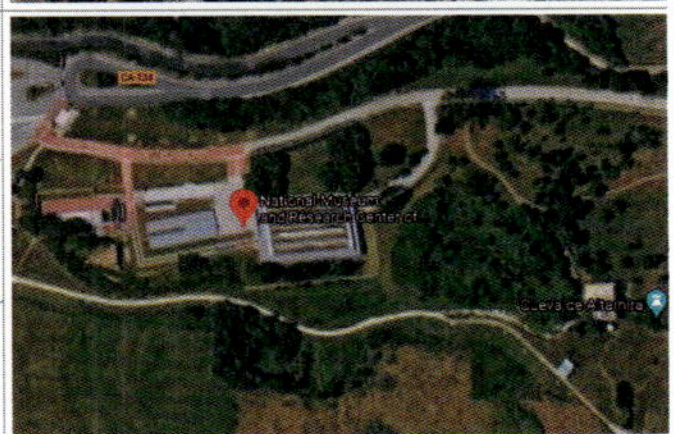
아크로폴리스 Acropolis (1987)	뉴 아크로폴리스 박물관 New Acropolis Museum	Bernard Tschumi	Athens	2003-2009	

유네스코 세계유산 (가입 연도)	신축된 현대 뮤지엄: 이름	건축가	장소	건립 연도	유네스코 세계유산과 신축 뮤지엄의 위치 관계
센 강변 Banks of the Seine (1991)	제2차 세계대전 강제이송 희생자 기념관 Mémorial des Martyrs de la Déportation	Georges-Henri Pingusson	Paris	1960-1962	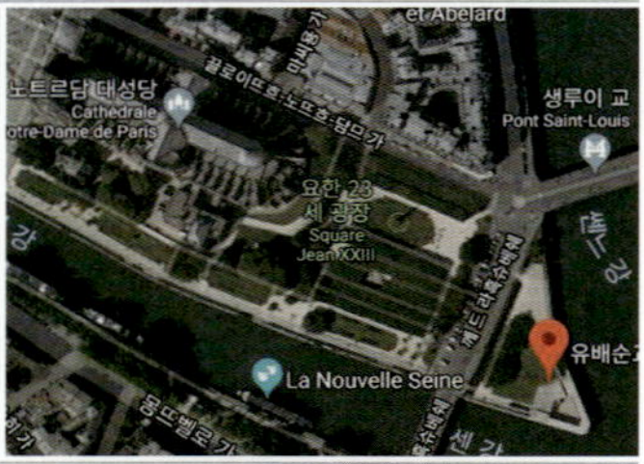
	케브랑리 박물관 Musée du quai Branly	Jean Nouvel	Paris	1999-2006	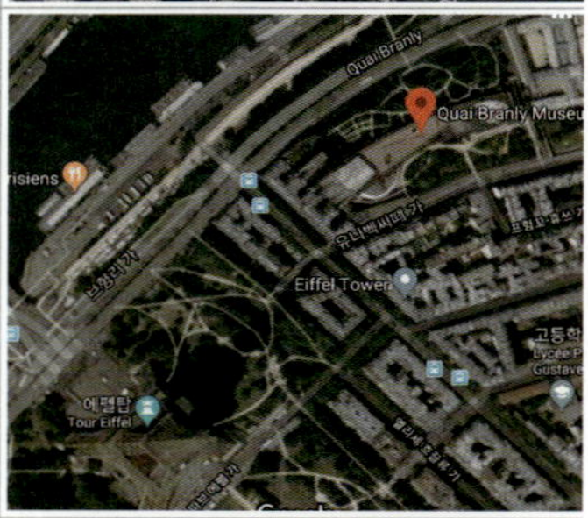
메리다의 고고학적 앙상블 Archeological Ensemble of Mérida (1993)	국립 로마미술관 Museo Nacional de Arte Romano	Rafael Moneo	Mérida	1980-1986	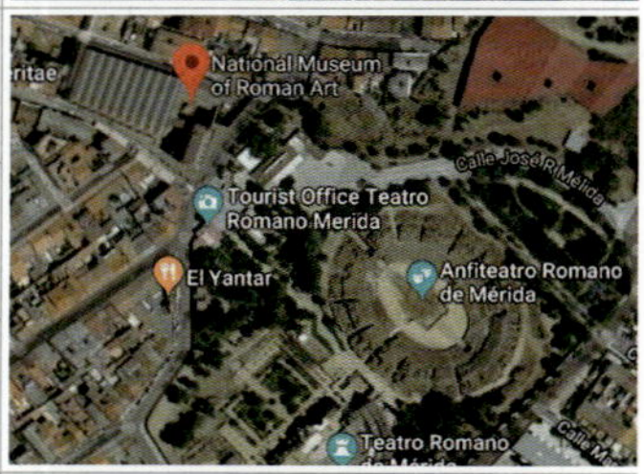
쾰른 대성당 Cologne Cathedral (=Kölner Dom) (1996)	로마게르만 박물관 Römische-Germanisches Museum	Heinz Röche	Köln	1963-1974	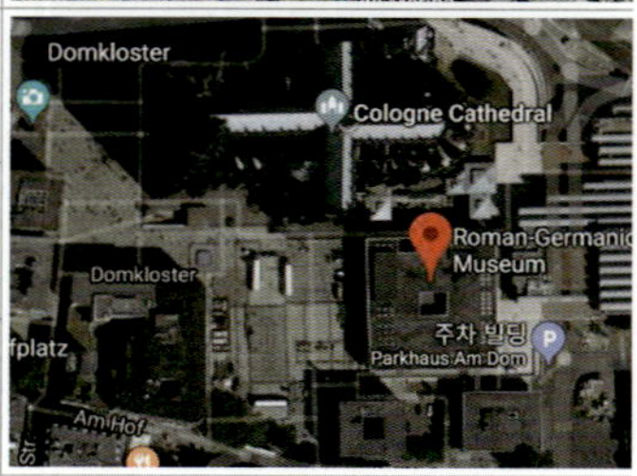

유네스코 세계유산 (가입 연도)	신축된 현대 뮤지엄				유네스코 세계유산과 신축 뮤지엄의 위치 관계
	이름	건축가	장소	건립 연도	
쾰른 대성당 Cologne Cathedral (=Kölner Dom) (1996)	루트비히 미술관 Ludwig Museum	Peter Busmann	Köln	1975-1986	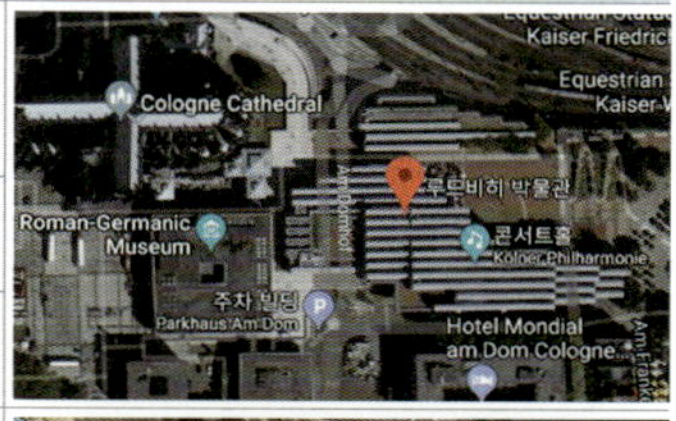
크론보르성 Kronborg Castle (2000)	덴마크 M/S 해양박물관 M/S Maritime Museum of Denmark	Bjarke Ingels Group	Helsingør	2008-2013	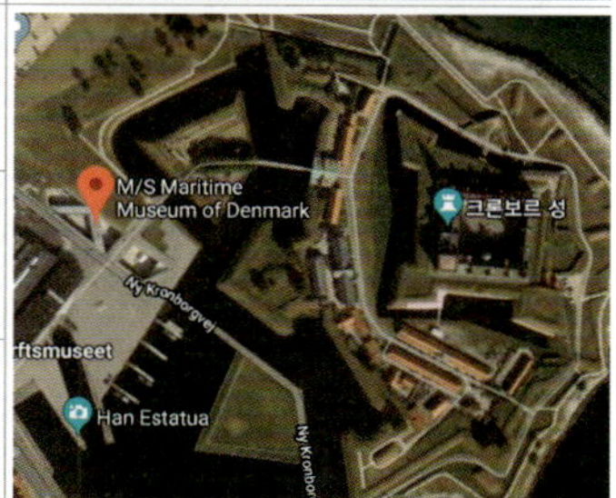
현재의 고대문명 님 l'Antiquité au Présent (2012)	카레 다르 Carré d'Art	Norman Foster	Nîmes	1984-1993	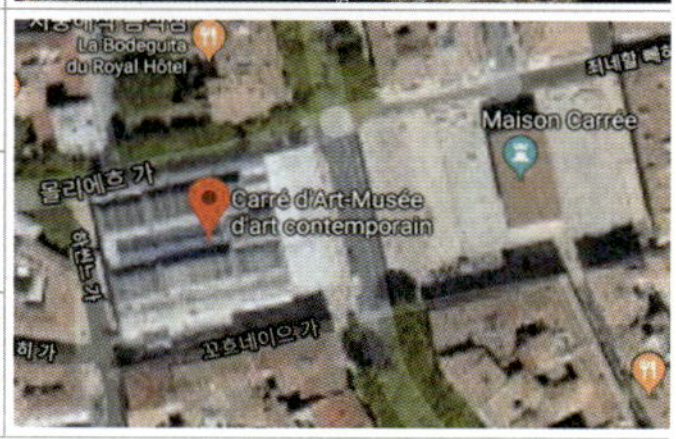

대상에 포함했다. 파리를 관통하는 센 강변 지역에는 문화재들이 즐비하다. 그중 파리 노트르담 대성당 뒤편에 제2차 세계대전 강제이송 희생자 기념관이, 에펠탑 옆에는 케브랑리 박물관이 들어섰다. 쾰른 대성당 가까이에는 로마게르만 박물관과 루트비히 미술관이 시차를 두고 건립됐다. 8곳의 소중한 세계유산이 어떤 곳인지, 그 인근에 무슨 까닭으로 뮤지엄 11곳이 세워졌는지 알아보자.

유럽의 유네스코 세계유산과 이웃해 신축된 현대 뮤지엄

아를의 고대 로마 및 로마네스크 유적: 아를 고대사박물관과 루마 아를

도시 자체가 뮤지엄인 아를

이 책에서 소개하는 유네스코 세계유산 8곳 중 1981년에 제일 먼저 지정된 아를Arles의 구도심은 기원전 1세기부터 4세기까지의 고대 로마 유적들과 12세기 중세의 도시 유적이 고스란히 남아 있는 프랑스 고고학의 보물창고다. 오늘날 아를은 약 30킬로미터씩 떨어져 있는 고대 로마 도시 님Nîmes, 아비뇽Avignon과 함께 역사관광의 삼각지대를 이룬다.

아를을 방문해보면 지중해의 눈부신 햇살과 코발트색 하늘만으로도 이곳이 프랑스 남부 지방의 인물과 생활을 익살스럽고 정감 있게 묘사한 「아를의 여인L'Arlésienne(The Girl from Arles)」의 땅임을 실감하게 된다. 「아를의 여인」은 알퐁스 도데Alphonse Daudet, 1840-1897의 희곡이자, 이탈리아의 베르디G. F. F. Verdi, 1813-1901, 독일의 바그너W. R.

아를의 구시가지와 론강. 멀리 있는 교량의 좌측에 파란색의 아를 고대사박물관이 있다.

Wagner, 1813-1883와 함께 19세기 낭만주의 오페라의 3대 거장으로 불리는 작곡가 조르주 비제Georges Bizet, 1838-1875가 곡을 붙여 1872년에 초연한 작품이다. 젊은이의 뜨거운 사랑이 안타까운 비극으로 끝나는 이 부수음악incidental music[6]의 제2모음곡 미뉴에트menuet에서 우리 귀에 너무나 익은 플루트의 아름다운 음률을 들으며 아를을 걷노라면, 1904년에 노벨 문학상을 받은 시인 미스트랄Frédéric Mistral, 1830-1914의 다감하고 풍부한 연상이 넘쳐난다. 자연의 위대함과 인간의 운명에 대한 신념을 중세 때 루아르강la Loire 이남에서 쓰던 남방 프랑스어langue d'oc로 노래한 시인이다.

아를은 화가 반 고흐Vincent van Gogh, 1853-1890가 마지막 생을 보낸 오베르쉬르우아즈Aubers-sur-Oise와 함께 반 고흐와 연관된 가장 중요한 곳이기도 하다. 반 고흐는 자신의 영혼을 고무하고 화풍에 생기를 불어넣을 유일한 횃불로 이곳 태양을 찾아 아를에 왔다. 그는 정신병이 악화하던 1888년 2월 20일부터 사망하기 불과 두 달

반 고흐가 자신이 입원했던 정신병원인 '반 고흐 공간'의 중정을 그린 그림

반 고흐가 그린 '반 고흐 다리'

반 고흐가 밤의 테라스를 그린 '반 고흐 카페'

전인 1889년 5월 8일까지 444일간 '파란 색조와 밝은 색채가 좋아' 찾은 아를에 머물면서 전 생애에 걸쳐 그린 작품 수의 ⅓이 넘는 200여 점의 유화, 100여 점의 스케치와 수채화, 200통이 넘는 편지를 남겼다. 16-17세기에 지어진 곳으로 1888년 12월 반 고흐가 자신의 귀를 자른 후 치료받아 1989년 '반 고흐 공간L'Espace van Gogh'으로 명명된 정신병원의 정원 안, 도시와 조금 떨어져 인적이 드문 낡고 자그마한 '반 고흐 다리' 곁, 밤의 테라스를 그린 '반 고흐 카페' 앞에서 그가 그림을 그렸음 직한 위치에 앉거나 서보면 소설 『빈센트, 빈센트, 빈센트 반 고흐』[7]에 묘사된, 예술이 곧 운명이었던 반 고흐의 폭풍과 고통의 드라마가 떠오른다.

지중해를 향해 두 갈래로 갈라지는 론강le Rhône[8]에 면해 있어 페니키아인[9]들의 주요 항구도시였던 아를은 기원전 123년에 로마에 점령된 후 기원전 46년에 율리우스 카이사르Gaius Julius Caesar, 100 BC-44 BC가 이곳을 전략도시로 선택해 약 40만 제곱미터 넓이의 방어벽을 쌓으면서 역사의 전면에 등장했다. 아를이 율리우스 폼페이우스Gnaeus Pompeius Magnus, 106 BC-48 BC에게 대항하는 카이사르의 편을 들어 군사적인 지원을 제공한 데 대한 보답이었다. 아를은 로마인들이 더 이상 북으로 진출하기를 포기하고 북지중해의 거점도시를 건설하는 데 만족했을 만큼 아름다운 풍광과 눈부신 햇살을 자랑한다. 반 고흐가 이곳에 정착한 해는 약탈의 세기 후 요새로 변했다가 빈민들의 생활터전으로 이용되기도 했던, 24,000명 수용 규모의 고대 로마 원형극장이 복구된 지 5년밖에 되지 않은 때였다. 기원 후 90년에서 100년 사이에 건설된 이 원형극장은 각각 60개의 아치를 2단으로 배열한 타원형(장축

아를 고대사박물관에 전시되어 있는, 율리우스 카이사르가 아를에 쌓은 방어벽과 고대 로마 도시 모형

아를에 있는 고대 로마 원형극장의 정면

아를의 고대 로마 지하 갤러리

아를의 콘스탄티누스 공동목욕탕

아를에 있는 고대 로마 공동묘지

아를에 있는 고대 로마의 엑세드라

약 136미터, 단축 약 107미터) 평면으로 구성되어 있다.

이외에도 10,000명 수용 규모의 고대 로마 연극장, 카이사르의 양자로 로마의 초대 황제가 된 아우구스투스Caesar Augustus, 63 BC-14 AD(옥타비아누스라고도 불림) 재위 때 건설된 고대 로마의 지하 갤러리Cryptoporticus와 로마 포럼Roman forum, 서로마 제국의 공동 황제로 411년 아를에서 사망한 황제의 이름을 딴 콘스탄티누스 공동목욕탕The Thermes of Constantine, 고대 로마군 성곽, 페니키아와 켈트, 가울, 그리스, 로마 사람들이 모두 묻혀 '죽은 자들의 왕국'이라 불린 공동묘지The Alyscamps, 프로방스Provence의 인류학 박물관인 아를 박물관

Museon Arlaten의 뜰에 있는 고대 로마의 엑세드라Roman exedra,[10] 3세기 무렵 아를에 기독교를 전파한 초대 주교이자 수호성인인 트로핌을 기려서 12세기에 로마네스크 양식으로 건립되고 14세기에 고딕 양식이 혼합된 형태로 완성된 생트로핌 수석주교좌 성당과 그 회랑The Church of St. Trophime and its cloister 등은 물론이고, 수백 년 된 집과 골목들이 그대로 남아 있는 아를 구도심 전체가 이미 뮤지엄이다. 중세 때는 성당만 70개에 달했다고 한다.[11]

아를의 생트로핌 수석주교좌 성당

아를의 옛 골목과 오래된 집들

이 세계유산에 대한 유네스코의 공식 설명은 다음과 같다.

"아를은 고대 도시가 중세 유럽 문명에 적응한 좋은 예다. 이곳에는 기원전 1세기까지 거슬러 올라가는 가장 초기의 로마 유적들, 즉 경기장, 로마 극장, 그리고 지하 갤러리들이 있다. 4세기 동안 아를은 콘스탄티누스 공동목욕탕과 고대 로마군 성곽에서 증명됐듯이 제2의 황금기를 누렸다. 11세기와 12세기에 아를은 다시 한번 지중해에서 가장 매력적인 도시 중 하나가 됐다. 도시 성벽 안에서 생트로핌 대성당은 그 회랑과 함께 프로방스의 주요 로마네스크 기념물들 중 하나다."[12]

아를 고대사박물관에 전시되어 있는 고대 로마 전차경기장 모형

여기에 중세 때 그 존재가 알려졌지만 새 뮤지엄이 지어질 당시까지 두 개의 경주로, 마차가 도는 경기장 회전부인 스피나spina의 궤적과 관람석의 기초 부분만 일부 발굴된 대규모 고대 로마 전차경기장이 새로 지을 뮤지엄 대지와 붙어 있다. 이 전차경기장(길이 400미터, 폭 100미터로 21,000명 수용 규모)은 프랑스에서 유일하게 발굴된 것으로, 그만큼 로마가 아를이라는 도시를 중요하게 여겼음을 증명한다. 우리가 살펴볼 아를 고대사박물관은 스피나의 바깥 부분과 불과 7미터 떨어져 건설됐다. 전차경기장의 배경으로 나타나는 아를 고대사박물관을 이해하게 되는 출발점이다.

고대성과 호흡하는 현대성 찾기

아를 박물관Musée d'Arles[13]은 유럽 최초의 뮤지엄 중 하나로, 1784년 뒤몽Dumont 신부가 아를에서 처음 수행한 발굴 작업 중 출토된 고대 유물들을 생토노라 수도원Couvent de Saint-Honorat에 집결시켜 이듬해인 1785년에 개관했다. 아를은 아를 박물관과 함께 기존의 고건축물들을 뮤지엄으로 개조해가면서 늘어나는 전시 수요에 대응했다. 하지만 계속 발굴되는 유물들로 인해 전시면적은 늘 부족했다. 생트안느 교회Eglise Sainte Anne와 예수회의 소성당Chapelle des Jesuites에 분산되어 있는 비명碑銘 박물관Musée Lapidaire은 여러 차례 개장

改張했음에도 조형적으로 가장 아름답고 가장 오래된 소수의 선택된 조각물과 석관石棺들만을 전시할 수 있었다. 게다가 고건축물들을 뮤지엄 기능으로 전환하기에는 확장 가능성의 결여, 기능적 속박과 불편한 접근성, 전시실 크기의 제한, 바닥 내성의 부족, 동선상의 문제 등으로 한계가 있었다. 포화상태에 이른 전시환경을 타개하기 위해 1968년 멕시코에서 개최한 국제박물관회의 I.C.O.M.에서 훗날 아를 고대사박물관으로 최종 명명된[14] 신축 뮤지엄의 프로그램이 발표됐다. 1983년 3월에 마침내 박물관 신축이 결정됐다.[15]

이때 일부 역사학자들은 신축 박물관이 눈에 잘 띄지 않도록 구시가지 내의 기존 기념물 안에 침전시켜 고전성에 잠긴 도시 특성을 재활용하자고 주장했다. 그러나 아를 시당국은 고대 로마의 전차경기장이 있는 작은 반도半島형 대지를 신축 박물관 대지로 선정했다. 기존 박물관들에 보존된 유물과 산재된 고대 로마의 기념물들 간에 지적·시각적인 연계성을 수립하기 위함이었다. 전차경기장 바로 옆에 뮤지엄을 신축함으로써 방문객들이 고대의 모습을 재현한 모형을 참조하고 발굴을 통해 찾아낸 전시물들을 감상하면서 경기장 유적을 바라볼 수 있기를 원했다.

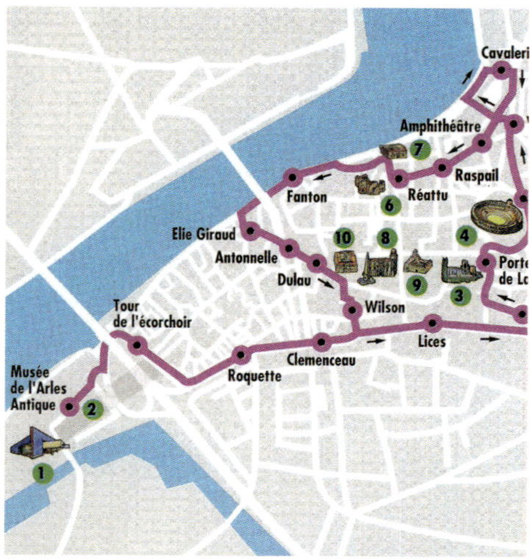

아를 구도심의 보행자 산책로 안내도

도시계획 측면에서도 이 대지 선정은 이유가 있었다. '고대 로마

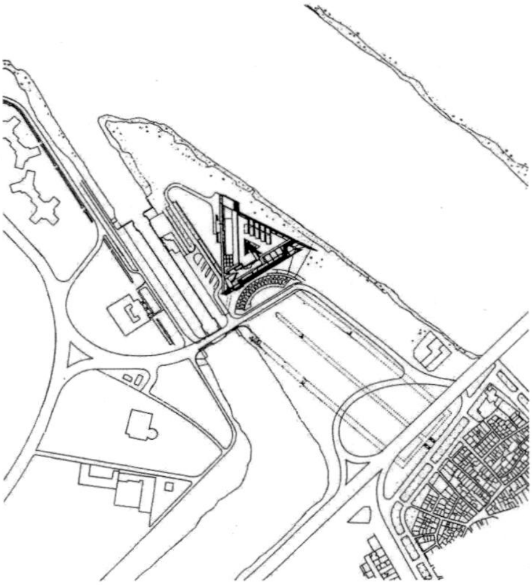

아를 고대사박물관의 배치도

전차경기장 반도'로 명명된 장소를 개발하기 위한 총체적 전망에 새 뮤지엄을 통합하는 것이다. 론강과 함께 아를에 식수를 공급하는 수로로 경계가 지어진 이 반도는 도시로 들어가는 입구로서 보존구역인 구시가지와 이후 확장된 바리올Barriol 신시가지 사이의 전환점에 있어 도시계획상 중요한 지점이다. 이러한 대지 선정을 통해 반도에서 박물관과 고대 경기장 사이에 역동적인 관계를 형성하며 그동안 단절됐던 구시가지와 신시가지 사이의 연속성을 확보하고자 했다. 프랑스 역사학자 부동J. Boudon, 1962-은 구도심과 외곽의 바리올 지역 사이에 연속성을 구축해야 할 절대적 필요성이 있었기에, 추진 과정 중에 여러 번 시장이 교체됐음에도 이 계획안이 살아남을 수 있었음을 지적했다.[16]

아를 땅 중에서 760제곱킬로미터(76,000헥타르)의 넓은 면적은 주민 5만 명이 종사하는 농사에 활용됐고, 단지 7.5제곱킬로미터(750헥타르)만 도시로 개발됐었다. 1960년 이후에 포도 재배업이 사양길로 접어들었다. 또한, 스페인과 포르투갈이 있는 이베리아반도까지 유럽경제공동체가 확대되어 농업 부문에서 치열한 경쟁을 벌여야 했다. 1980년대에는 프로방스 철구조회사, 프랑스 국유철도회사SNCF 작업장, 에티엔느 제지공장 같은 아를의 중심 산업이 사라져 2,000여 명의 실업자가 발생했다. 당시 아를이 당면했던 경제적 위기를 타개하기 위해 아를이 보유한 문화유산을 기반으로 새로운 사회정책을 추진한 것도 아를 고대사박물관 신축의 동력이었다. 유럽경제공동체는 아를을 지역경제 우선지원 대상지로 지정했고, 시 당국은 아를의 경제 회생을 목표로 한 새로운 활로 개척의 일환으로 새 뮤지엄을 기획했다. 건축가 앙리 시리아니 Henri Ciriani, 1936-가 설계한 계획안이 우수성을 인정받아 유럽경제공동체로부터 공사비 일부를 지원받은 배경이다. 그때까지 소외됐던 지역이 뮤지엄 건설 덕분에 정착할 뿐 아니라 대지가 지닌 상징성과 오랜 기간 서로 다른 문명을 보여주는 집합적 문화유산인 유적과 골동품을 통해 새롭게 태어나는 것이다. 이곳은 역사적인 구도심과 가깝고 역사 유적과 근접한 이점도 있었다. 공모전을 위한 설계지침서에 명시된 심사기준 중 대지에의 동화와 도시적 배려에서는 대지에 인접한 전차경기장과의 연계성을 중시할 것을 주문했다.[17]

시리아니가 그린, 진입 방향에서 본 아를 고대사박물관의 조감도. 왼쪽에 고대 로마 전차경기장이 있다.

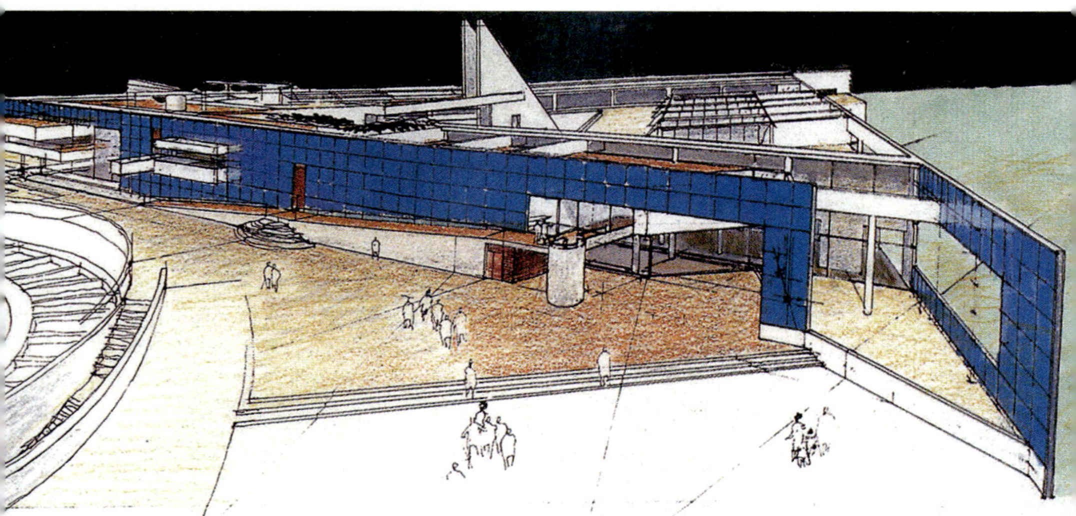

2차에 걸친 설계공모전의 결과 심사위원 만장일치로 당선작으로 뽑힌 시리아니의 계획안은 건물 평면으로는 이례적인 정삼각형 평면이다. 형태를 우선시하는 작업을 매우 싫어하는 시리아니의 평소 성향과도 다른 접근법이었다. 여기서 구도시 전체가 이미 뮤지엄인 곳에서 철저하게 근대적 정신으로 작업하는 건축가의 고민이 엿보인다. 심사위원들은 예기치 않았던 삼각형 평면의 계획안에 내부 동선의 용이함, 경제성, 전시에서의 유연성, 기후 측면에서 도움이 되는 밀집된 형태 등 풍부한 잠재력이 담겨 있음을 보고 당선작으로 뽑았다. 시리아니가 이 삼각형으로 지역의 오랜 역사와 공조하면서도 현대 건축물로서 독특한 정체성을 얻고, 대지와 프로그램에도 화답하고자 한 시도는 이후에 다시 살펴보기로 한다.

여러 예술의 학제 간 탐구의 장

고대 로마와 로마네스크 유적들로 인해 유네스코 세계유산으로 지정된 아를에서 율리우스 카이사르의 성벽을 넘고 한 블록을 건너뛰어 1986년부터 방치되어 있던 철도 부지에 루마 아를이 건설되어 2021년 6월에 개관했다. 이 책에 언급되는 뮤지엄들 중 가장 최신 완공작인 루마 아를은 아를 구도심과는 370미터, 그 안의 고대 로마 원형극장과는 510미터 떨어져 있다. 둘 다 아를 구도심의 스카이라인 위로 솟아 있어 서로 잘 보이는 곳에 있다. 이곳에 현대 건축가 중에서도 형태적으로 가장 유별난 디자인을 하는 것으로 공인된 미국 건축가 프랭크 게리의 건물이 들어온다고 해서

일찍부터 관심을 끌었다.

루마 재단LUMA Foundation은 시각 예술, 사진, 출판, 다큐멘터리 영화와 멀티미디어 등의 현대 예술 창작을 지원하기 위한 목적으로 2004년 취리히에서 창립됐다. 2013년 스위스 예술품 수집가로서 이 재단의 설립자이자 회장인 마자 호프만Maja Hoffmann, 1956-은 '만남Les Rencontres'이라는 이름으로 매년 7월 초에 전 세계에서 10만 명 이상이 모여드는 국제사진축제가 열리는 곳에 두 자녀 이름 Lucas과 Marina에서 첫 음을 따온 루마 아를 건설 계획을 추진했다. 마자 호프만 회장이 어린 시절 많은 시간을 머물렀으며 아를의 프랑스 국유철도회사 작업장Parc des Ateliers이 있던 곳이기도 하다. 아를 구도심에서 계속 발굴되는 유물들은 아를 고대사박물관에 맡기고 각종 전시회, 컨퍼런스, 라이브 공연, 건축 및 디자인을 통해 사상가, 예술가, 연구원, 과학자가 예술, 문화, 환경, 교육 및 연구 간의 관계에 대해 서로 질문하고 함께 탐구하는 학제 간 창의적인 루마 아를 예술 캠퍼스가 기획됐다.

루마 아를의 전경

목가적인 라벤더와 해바라기 밭을 지나 접근하게 되는 루마 아를은 예술가와 대중을 위한 생산과 실험의 장소로서 11만 제곱미터 넓이의 부지에서 예술가들이 창작과 협업을 하고 그들 작품을 대중에게 발표하는 것에 대한 새로운 관점을 제공하고자 한다. 2014년부터 독일 건축가 젤도르프Annabelle Selldorf, 1960-가 19세기부터 있었던 4동의 오래된 철도 관련 작업장들을 전시공간과 예술가 거주용 건물 등으로 리노베이션하기 시작함과 동시에 프랭크 게리가 56미터 높이의 타워를 새로 짓기 시작해 모두 2021년에 완공됐다.[18] 연면적 15,000제곱미터의 타워에는 세미나실, 전시 공간, 연구시설, 강당과 카페가 입주해 있다. 2017년부터 벨기에 조경사인 바스 스메츠Bas Smets가 주변 정원과 공원을 조성했다.

프랭크 게리는 1980년대 후반부터 2000년대에 이르기까지 현대 건축의 한 주요 경향으로서 비선형 기법의 설계 과정과 구조 및 포장 등 건축 요소에 왜곡과 혼란을 일으키는 비유클리드 기하학을 응용하는 방법으로 조각 같은 건물의 형상을 산출해온 해체주의deconstructivism[19] 건축에 동조하는 건축가다. 그런 게리에게 아를의 고대 및 중세 유적 인근의 대지에 세워질 타워 설계를 맡긴 호프만은 "철도 관련 작업장에서 루마를 이끈 하나의 은유가 있다면 그것은 살아있는 유기체입니다…. 그러므로 형태와 기능 사이의 균형이 생존을 결정합니다. 모든 것이 질서 정연하면서도 모든 것이 가능한 다성악보를 작곡하는 것입니다."[20]라고 자신의 의도를 밝혔다. 마치 다른 우주공간에서 역사가 누적된 곳으로 온 것 같다는 평가도 있을 만큼 현재를 넘어선 미래의 건물처럼 보이는 뒤틀린 형상의 타워를 도입해 과거와 현재와 미래라는, 연계성이 있으면서도 독립적인 세 선율을 동시에 울리면서 유구한 예술의 생명력을 더욱 활력 있게 펼쳐나가기를 바란 것이다. 가끔 솟은 성당의 종탑들 이외에는 낮은 스카이라인을 견지하는 아를 구도심 옆에 타워를 도입한 것에 대해 호프만은 "이 로마 마을에서 바다를 바라보는 것이 내 소원이었다."[21]라고 말했다. 약 14킬로미터 떨어져 있는 지중해 바다를 생각하며 루마 아를을 통해 상징적으로나 문자 그대로 아름의 지평을 확장할 수 있는 유리한 지점을 갖고자 한 것이다.

아름에 게리를 불러들인 것에서, 낙후된 산업도시 빌바오에 그가 설계한 구겐하임 빌바오 미술관Guggenheim Bilbao Museum, 1991-1997이 거둔 대성공 덕분에 도시 자체가 되살아난 '빌바오 효과'[22]를 기대한 것도 엿보인다. 미국 건축가 필립 존슨Philip Johnson, 1906-2005이 "우리 시대의 최고 걸작"으로, 뉴욕타임스가 "전 세계에서 가장 높은 찬사를 받는 새로운 빌딩"이라고 극찬하며 빌바오의 경제적 활력을 되찾게 했다고 논평한 구겐하임 빌바오 미술관은 개관 후 10년간 천만 명에 가까운 방문객이 다녀갔고 19억 유로의 관광 수입을 올렸다. 이 미술관은 프리츠 랑Fritz Lang, 1890-1976이 1927년에 발표한 SF 영화 〈메트로폴리스Metropolis〉에 나오는 장면들과 브랑쿠시Constantin Brancusi, 1876-1957의 조각 작품들, 그리고 빌바오 채석장의 이미지 등에서 생동감과 통제된 힘을 끌어낸 게리가 형태 이미지를

구겐하임 빌바오 미술관

개념화한 데서 출발했다. 또한, 대지 주변의 고가도로와 철로, 강둑을 뮤지엄 설계에 적극적으로 포함해 장식이 아닌 운동감을 주는 요소로서 형태와 재료를 선택했다.

오늘날 대부분의 뮤지엄이 갖는 매우 중요한 특징 중 하나로 방문자 중심이 됐다는 지적[23]도 있지만, 한 번 보면 잊히지 않는 형상으로 호객 효과를 누리고 싶은 충동을 뮤지엄 건축에서 가라앉히기란 쉽지 않다. 국립현대미술관 서울관민현준, 2011-2013 건립을 위한 기획을 준비하던 때에 그 자리에 있던 국군병원과 국군기무사령부 본관의 활용법 모색을 위한 심포지엄에서 인사말을 했던, 건축과는 무관한 모 유력인사가 경복궁 옆 대지에 게리의 뮤지엄 같은 것을 만들어 인기몰이를 한번 해보자는 제안을 했던 것에서도 그런 유혹의 치명성을 확인할 수 있다. 경복궁의 존재를 잊은 듯한 이런 욕망을 다시 떠올리게 하는, 고대 유적과 눈길을 주고받는 루마 아를 타워 계획을 의뢰받은 게리가 쇠락한 산업도시였던 빌바오와는 전혀 다른 여건 속에서 어떤 논거로 아를 구도심과의 연계성을 찾아 건축주의 동의를 얻어내고 허가권자인 아를시를 설득했는지가 궁금하다.

알타미라 동굴과 국립 알타미라 뮤지엄 및 연구센터

선사시대 예술의 꽃밭, 알타미라 동굴

19세기까지만 해도 고인류학자들은 구석기시대 사람들이 그림을 그릴 능력이 없다고 생각했다. 진화론에 빠져 선사시대 사람들을 원숭이보다 약간 더 진화한 정도로 저평가했다. 그러나 시간의 길이를 몰랐던 어린 시절 미술이나 세계사 교과서에서 처음 본, 아득히 먼 옛날에 그려졌다는 컬러풀한 들소 그림으로 인상 깊었던 알타미라 동굴은 기원전 35,000년에서 기원전 11,000년에 이르는 구석기시대 동굴벽화로 장식되어 있다. 1868년 오스트리아의 기와 제작자인 쿠비야스M. Cubillas가 사냥하던 중 사냥개가 우연히 동굴에 들어서면서 발견해 1985년에 유네스코 세계유산으로 지정되었다. 이 동굴은 스페인 최북단 칸타브리아Cantabria의 오래된 마을인 산티야나 델 마르Santillana del Mar의 서쪽 30킬로미터 지점에 있다.

알타미라의 명성은 다색채 예술의 놀라운 수준 외에도 그 그림들이 선사시대의 기원을 제시하고 홍보한 최초의 유럽 동굴벽화였다는 사실에서 비롯된다. 스페인 법학자이자 아마추어 고고학

알타미라 동굴의 입구

자로서 알타미라 동굴이 있는 땅의 주인인 마르셀리노 산즈 데 사우투올라Marcelino Sanz de Sautuola가 1880년에 발표한 이 동굴에 관한 연구 「산탄데르 지방의 선사시대 유적에 관한 소고Breves apuntes sobre algunos objetos prehistóricos de la provincia de Santander」는 대중의 환호와 전문가 사이의 격론을 동시에 불러일으켰다. 그는 1875년에 동굴 탐험을 시작했지만, 바닥에 있는 유적들만 뒤졌으므로 1879년 당시 9살이었던 어린 딸이 캄캄한 어둠 속에서 횃불을 들고 우연히 천장이 들소 그림들로 덮여 있다는 것을 알아챘을 때까지 이 그림들의 존재를 몰랐다. 1년 전인 1878년, 파리에서 열린 세계박람회에 전시된 구석기시대 유물들에 새겨진 비슷한 이미지들을 이미 봤던 그는 이 그림들이 석기시대 작품일 것으로 추측했고, 마드리드대학교의 고고학자 후안 빌라노바Joan Vilanova y Piera를 고용해 함께 탐사를 진행했다. 전문가 중 일부는 선사시대 인류에게 추상적 사고를 할 능력이 부족하다는 이유로 이 그림들의 선사시대 기원을 부정했다. 1880년 리스본에서 열린 선사 문화 워크숍에서는 공개적으로 비웃음을 샀다. 논쟁은 1902년까지 계속됐다. 그때까지 사우투올라는 너무나도 뛰어난 그림 상태 때문에 사기죄로 고소당하기까지 하면서 거짓말쟁이 취급을 받았고, 동굴은 잊혀갔다. 동굴 발견 당시 선사시대에 관한 연구는 동굴 예술 연구의 창시자들인 가브리엘 드 모르티에Gabriel de Mortillet와 에밀 카르타야크Émile Cartailhac 같은 프랑스 학자들이 주로 수행했는데, 알타미라 동굴이 프랑스에서 연구한 동굴과 같은 패턴과 특징을 보여주지 않아 이 학자들이 그림의 진위를 인정하지 않았기 때문이다. 그들은 알타미라 동굴의 그림에 대해 "이 그림들은 사기다. 우스꽝스러우며 우리 학자들을 우롱하려고 세상에 내놓은 가짜"라고 혹평했다. 또한, "이 그림들은 시골 화가를 시켜 동굴 벽에 그려 넣은 것이다."라면서 비난했다.

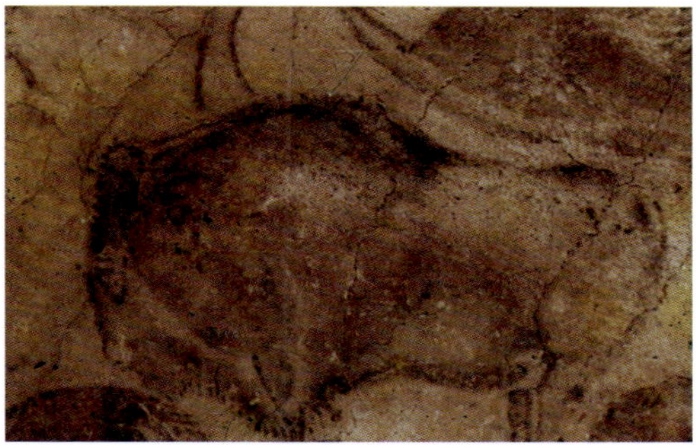
알타미라 동굴의 들소 그림

그러나 1902년을 전후해 알타미라 동굴이 있는 프랑코-칸타브리아Franco-Cantabrian 지역에서 선사시대 그림들이 계속 발견되어 알타미라 동굴벽화가 그려진 시기를 확정해주었다. 사우투올라를 공격했던 에밀도 1902년에 『그림으로 장식된 동굴들. 알타미라 동굴, 스페인. 회의론자의 '내 탓'*Les cavernes ornées de dessins. La grotte d'Altamira, Espagne. «Mea culpa» d'un sceptique*』을 발간하며 자신의 과오를 인정했다. 1903년 발굴이 재개되면서부터 동굴은 국제 선사시대 연구에서 중요한 역할을 하게 됐다. 이후 방사성 동위원소를 이용해 염료에 대한 연대 측정법을 실시해 그려진 시기를 확인하기도 했다.

해발 156미터의 산 중턱에 있는 알타미라 동굴의 길이는 약 1,000미터로 일련의 뒤틀린 통로와 방들로 이뤄져 있다. 주요 통로의 높이는 2미터에서 6미터까지 다양하다. 이 동굴은 산호나 조개껍데기가 바다 밑에 가라앉아 형성된 퇴적암인 석회암이 융기된 산에서 석회암의 주성분인 탄산칼륨이 공기 중의 탄산가스를 포함한 빗물이나 토양층의 탄산가스를 포함한 지하수에 용해되어 독특한 형태가 된, 카스트로 지형으로 형성됐다. 동굴 바닥에서 유럽의 후대 구석기를 지칭하는 솔류트레 문화Solutrean cultures와 막달레나 문화Magdalenian cultures의 유물들이 다수 발굴됐다. 솔류트레 문화는 프랑스 동부의 부르고뉴Bourgogne 지역에 있는 암석 유적지인 솔류트레Solutré의 이름을 딴 후기 구석기 미술과 문화의 시기를 말한다. 시기적으로는 지금부터 22,000년에서 17,000년 전 사이다. 막달레나 문화는 약 17,000년에서 12,000년 전 서유럽의 후기 구석기시대 문화다. 프랑스의 도르도뉴Dordogne 지방에 있는 튀르삭Tursac의 베제르 계곡Vézère valley의 암석 주거지인 마들렌강La Madeleine의 유적을 따서 명명됐다. 이 두 거주문화 사이의 2천 년 동안에는 동굴에 야생동물만 살았다. 그곳의 인간 거주자들은 주변 산의 계곡에서 풀을 뜯어먹는 야생동물과 인근 해안 지역의 해양 생물들을 얻는 데 유리한 장소를 차지했다. 약 13,000년 전에 돌들이 굴러 내려와 동굴 입구를 막고 근처의 나무들이 쓰러지면서 묻힌 이후 다시 발견될 때까지 동굴 내부는 잘 보존됐다.

그림은 동굴 전체에 그려져 있지만, 인간은 동굴 입구 가까이에서만 거주했다. 구석기시대 예술가들은 거친 동굴 내부에 숯과 황토 또는 적철석, 역청으로 그림을 그렸다. 종종 색소를 희석해 채도의 변화와 명암의 대비도 만들어냈다. 또한, 그들은 동굴 바위의 튀어나온 부분을 이용해 그림에 입체적인 효과를 주기도 했다. 각각 다른 포즈를 보이는, 지금은 멸종한 당시의 들소 무리, 두 마리의 말, 큰 암컷 사슴, 그리고 야생 멧돼지를 묘사한 다색채의 천장은 동굴에서

알타미라 동굴 주변을 보여주는 그림

가장 인상적인 장면을 보여준다. 막달레나 시기에 그려진 이런 동물 그림들 외에 추상적인 형태도 그려져 있다. 솔류트레 시기의 그림에는 말과 염소 그림과 함께 예술가들이 동굴 벽에 손을 얹고 그 위에 색소를 불어 남긴 네거티브 이미지도 있다. 스페인 북부의 수많은 다른 동굴들에서도 구석기시대 벽화가 발견됐지만, 알타미라만큼 복합적이고 사람들이 잘살아간 동굴은 없다.

알타미라 동굴 벽과 천장에 그려진 여러 동물 그림

유네스코는 먼저 1985년에 알타미라 동굴을 세계문화유산으로 지정했다. 동굴 자체가 중요했다면 세계자연유산이 됐겠지만, 동굴보다는 그 안에 구석기시대 인류가 남긴 흔적이 더 중요했기 때문이다. 그 후 기원전 35,000년부터 기원전 1,000년까지 우랄산맥으로부터 이베리아반도에 이르는 유럽 전역에서 발달한 구석기시대 동굴 예술의 최고 절정을 함께 보여주는 스페인 북부의 17개 동굴을 추가해 '알타미라 동굴과 스페인 북부의 구석기시대 동굴 예술Cave of Altamira and Paleolithic Cave Art of Northern Spain'이라는 이름으로 2008년에 세계유산 구역을 확장했다.[24]

동굴 보호와 완벽한 재현

알타미라 동굴벽화가 개방된 후 여가시간이 늘어나고 여행이 보편화하기 시작한 1970년대부터 2000년대까지 많은 방문객이 호흡하면서 내뱉은 이산화탄소와 수증기, 몸의 열기가 벽화를 훼손했다. 입구가 막힌 채 수만 년을 버텨온 신비로운 그림들이 단시간에 심각한 위협에 노출된 것이다. 알타미라 동굴은 1977년에 대중에게 완전히 폐쇄됐다가 1982년에 제한된 인원의 방문을 다시 허락했다. 하루에 출입할 수 있는 방문객이 극히 적어 대기자 명단은 3년 치까지 길어졌다. 그러나 2002년에 일부 그림에서 녹색 곰팡이가 나타나기 시작해 다시 일반인의 출입이 전면 통제됐다. 2014년 2월부터는 알타미라 뮤지엄 방문객 중 매주 금요일에 무작위로 16세 이상인 다섯 명을 뽑아 특수한 옷을 입고 37분간 진행하는 투어만 시행 중이다. 알타미라 동굴 내부를 대신 보여줄 뮤지엄이 완공된 후에도 연구 목적 이외에는 동굴을 완전 봉쇄하지 않고 일반 대중과 최소한의 소통할 수 있는 길을 열어둔 것은 방문객의 관심을 끌기 위한 포석이면서 원본과의 생생한 연계성을 잃지 않으려는 노력으로 여겨진다.

알타미라 동굴을 보존·연구하고 정보를 나눌 목적으로 건립된 국립 알타미라 뮤지엄 및 연구센터가 6년에 걸친 작업 후 2001년에 완공됐다. 뮤지엄에는 방문자들에게 선사시대 기술 작업장, 알타미라와 함께 엘모린El Morín, 엘후요El Juyo, 엘라스카뇨El Rascaño같이 칸타브리아 지방의 구석기 동굴에서 출토된 문화재를 통해 예술과 문화, 생활 조건, 사냥 기술 등을 보여주는, "알타미라의 시대The Times of Altamira"라고 명명된 상설전시장이 있다. 뉴 알타미라 케이브New Altamira Cave 또는 네오케이브Neocave라고 불리는 곳이 알타미라 동굴을 재현한 곳이다.[25]

이 복제동굴과 박물관 안에 전시 전문가인 네벨Sven Nebel의 지휘하에 고고학자, 역사학자, 지질학자, 초현실주의 화가 프란켈로M. Franquelo, 1953- 등이 힘을 합쳐 알타미라 동굴과 그 안의 예술을 되살려냈다. 원본 동굴을 3차원 스캐너와 레이저로 복사해 만든 인공 동굴은 0.1밀리미터의 오차도 없다. 스페인 부부 예술가 사우라와 무스키스P. Saura and M. Muzquiz는 원본과 같은 색소를 사용해 벽화를 정밀 재현했다. 비록 복제품이지만 방문객들은 동굴 본관의 다색채 그림을 보다 편안하게 볼 수 있을 뿐만 아니라 동굴에서는 눈에 잘 띄지 않아 보기 힘든 작은 작품들도 자세히 볼 수 있게 됐다. 또한, 실제 동굴에는 없는 인간의 얼굴 조각품들도 전시되어 동굴 안에서의 생활을 재현했다. 개관 후 첫 1년 동안 백만 명이 새 뮤지엄을 찾아와 동굴에 직접 들어가볼 수 없는 아쉬움을 달랬다.

국립 알타미라 뮤지엄의 네오케이브 전시공간

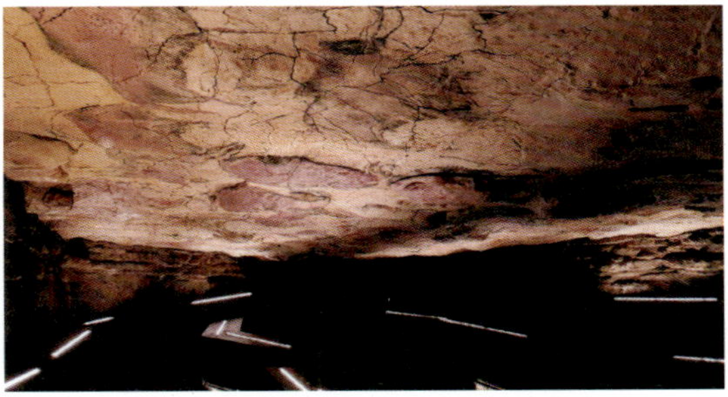

국립 알타미라 뮤지엄의 네오케이브 전시공간에 재현된 천장화

아테네 아크로폴리스와 뉴 아크로폴리스 박물관

서구 문화의 발생지

유네스코의 로고가 된 파르테논 신전

기원전 5세기에 조성된 아테네의 아크로폴리스 언덕은 1987년에 유네스코 세계유산으로 지정됐다. 그 언덕에 있는 파르테논Parthenon 신전은 유네스코를 상징하는 로고가 됐다. 크지만 완벽하게 균형 잡힌 건축 명작들이 자연경관과 조화를 이루는 아테네 아크로폴리스는 그리스 고전 미학의 가장 중요한 표현 중 하나다.

아테네 아크로폴리스는 아테네시에서 높은 암석 언덕 위에 있는 고대 성채로서 위대한 건축적·역사적 상징성을 지닌 여러 고대 건물들이 들어서 있다. 그중 파르테논 신전이 가장 유명하다. 아크로폴리스는 그리스어 ἄκρου akron, 최고점, 극단성와 πόλις polis, 도시에서 유래했으며, 높은 곳에 있는 도시라는 말로 흔히 쓰인다. 그리스에는 아크로폴리스가 많다. 그러나 아테네 아크로폴리스는 워낙 중요해 정관사를 붙여 The Acropolis라고 한다. 이는 해발 150미터 위에 있는, 약 3만 제곱미터(3헥타르) 넓이의 아테네 아크로폴리스를 의미한다. 아크로폴리스 언덕에서 수천 년 전부터 지금까지 진행된 건설의 역사는 놀라울 정도로 상세하게 전해지고 있다.[26]

이 언덕에 초기 신석기시대인 기원전 6천 년 전부터 사람이 살았다는 증거가 있다. 파르테논 신전, 프로필레아Propylaea, 에레크테

아테네 아크로폴리스 전경

이온Erechtheion, 아테나 니케의 신전Temple of Athena Nike을 포함해 현재 남아 있는 가장 중요한 유적들의 건설을 조율한 사람은 기원전 5세기 사람인 페리클레스Pericles, 495 BC-429 BC였다. 고대 아테네 사회에 끼친 영향이 너무 커 '아테네의 첫 번째 시민the first citizen of Athens'이라고 불리는 그는 페르시아와 펠로폰네소스 전쟁the Persian and Peloponnesian wars 사이의 아테네 황금기460 BC-430 BC에 활동한 저명하고 영향력 있는 정치가이자 웅변가, 장군이었다. 아테네가 고대 그리스 세계의 교육과 문화의 중심이라는 명성을 얻은 것은 주로 예술과 문화를 장려한 그의 노력 덕분이었다.

오랜 세월을 견딘 파르테논 신전은 서로마 제국이 멸망한 후에도 천 년 동안이나 나라가 유지된 동로마 제국(=비잔틴 제국) 시대에 성모 마리아에게 헌정된 교회가 됐다. 제4차 십자군 전쟁1202-1204 때 비잔틴 제국이 정복된 후 그리스에 세워진 십자군 국가 중 하나로서 아티카Attica와 보오티아Boeotia 지역을 포괄하고 있던 아테

파르테논 신전

네의 라틴 두치the Latin Duchy of Athens 시대에는 대성당으로 사용됐다. 15세기에 오토만이 그리스를 정복한 후로는 터키 군대의 주둔 본부로, 화약고로 이용됐다. 그 때문에 베니스 공화국과 오토만 제국 간의 6차 전쟁인 모란 전쟁Morean War 중이던 1687년에 베네치아인들의 포격을 받아 안타깝게도 심각하게 훼손됐다. 그리스 독립전쟁1821-1829 때는 세 번이나 포위됐다. 1829년 오스만튀르크 제국에서 독립하면서 비잔틴, 프랑크, 오스만 시대 때 덧붙여졌던 여러 시설물을 제거해 원래의 아크로폴리스로 돌아가는 복원이 시작됐다. 고대 그리스 시대의 모습을 되찾고자 하는 노력은 지금도 진행 중이다.

아테네 아크로폴리스 언덕의 주요 시설물들을 보여주는 배치도는 오른쪽 그림과 같다.

아크로폴리스 언덕의 구조물들은 고대 건축의 정수로서 길고 긴 시차를 넘어 오랜 기간 유럽에서 후대 건축의 표본이 됐을 뿐 아니라 현대 건축에도 큰 영향을 미쳤다는 점에서 존재 의미가 크다. 여기에는 근대 건축의 거장 르코르뷔지에Le Corbusier, 1887-1965의 역할이 컸다. 그는 자신의 여러 저서에 이 언덕에서 받은 감동을 남겼다. 특히 20세기 가장 중요한 건축서로 인정받는 『건축을 향하여*Vers une Architecture*, 1923』에서 많은 분량을 아크로폴리스 언덕과 파르테논 신전에 할애했다.[27]

아테네 아크로폴리스의 배치도

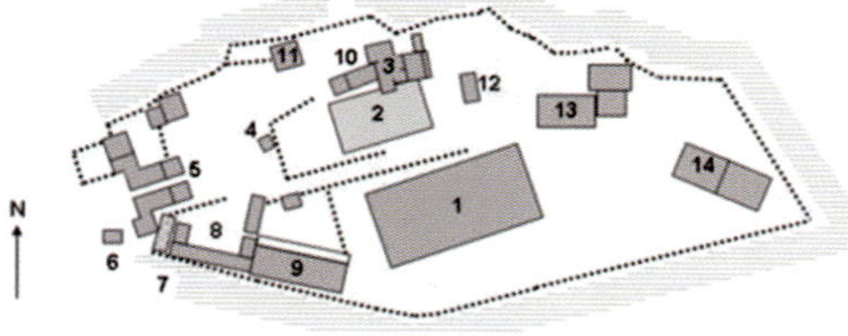

1. 파르테논 신전
2. 아테나의 옛 신전 Old Temple of Athena
3. 에레크테이온
4. 아테나 프로마코스 동상 Statue of Athena Promachos
5. 프로필레아, 아테네 아크로폴리스의 기념비적인 입구 건물
6. 아테나 니케의 신전
7. 엘레우시니온Eleusinion, Demeter와 Kore에 헌정된 성소
8. 아르테미스 브라우로니아 또는 브라우로니온의 성소 Sanctuary of Artemis Brauronia or Brauroneion
9. 찰코테케Chalkotheke, 청동 보관소
10. 판드로지온Pandroseion[28]
11. 아레포리온Arrephorion[29]
12. 아테나 제단Altar of Athena
13. 제우스 폴리에우스 성소 Sanctuary of Zeus Polieus
14. 판디온 성소Sanctuary of Pandion

르코르뷔지에가 깊은 감수성과 예리한 관찰력으로 건축의 본질을 찾아 1911년에 떠난 동방여행 중 아크로폴리스 언덕에서 받았던 감명과 교훈은 잘 알려져 있다. 프랑스 건축가이자 건축역사 이론가인 뤼캉J. Lucan, 1947-은 르코르뷔지에가 아크로폴리스 언덕에서 보낸 3주간의 시간이 그의 일생에 미친 영향을 고찰한 글 제목을 「모든 것이 거기서 시작됐다…Tout est commencé là...」라고 붙였다.[30] 르코르뷔지에는 이 언덕에서 여러 건축물, 대지와 수평선 같은 자연과의 자율적이면서도 상호 연계된 조화로운 배치 개념, 건축 형태 속에 감춰진 보이지 않는 기하학적 미학의 역동성 같은 중요한 교훈들을 발견했다.

파르테논 신전의 열주와 계단을 그린 르코르뷔지에의 수채화

아크로폴리스의 전경을 그린 르코르뷔지에의 스케치

르코르뷔지에는 이 여행에서 4년 전 자신의 건축답사 초창기에 주목했던 건축의 장식적 요소들과 표면적 효과를 더는 눈여겨보지 않았다. 아크로폴리스에서도 몰딩, 원주圓柱와 기둥의 세로홈 장식, 풍부한 의미를 지닌 엔타블러처entablature[31] 등을 감명 깊게 관찰은 했지만, 부분에 몰입되지 않고 그것들 사이의 관계에 명확히 기록된 비례와 심오한 조화, 일관되게 추진된 통일성을 더 눈여겨봤다. 그는 원기둥, 편평한 바닥과 벽과 같은 명확한 요소들 간의 관계에서, 대지를 구성하는 것들과의 조화에서, 구성의 모든 부분으로 그 영향을 미치는 조형적 체계에서, 사용된 재료의 통일성에서 전반적인 윤곽의 통일성에 이르기까지 생각의 통일성에서 우러나오는 감동으로 몸을 떨었다.

아크로폴리스에서의 축들은, 아테네의 외항도시인 피레아스Piraeus로부터 아테네 동북 쪽에 있는 펜텔리쿠스산Mount Pentelicus을 향해, 바다에서부터 산을 향해 내달린다. 펜텔리쿠스산은 아크로폴리스 언덕의 건물들과 조각상을 포함한 고대 아테네 건물들의 축조에 사용되는 대리석을 채취하는 곳이다. 아크로폴리스로 들어가는 기념비적인 관문인 프로필레아는 수평선 너머의 바다 축과 직각을 이룬다. 여러 건물의 형태 배합에서 수평선까지 고려됐다. 르코르뷔지에는 황량한 풍경을 그 주변에 그려 넣은, 신상과 신전을 포함한 건물들 사이를 걸어 다니며 시시각각 달라지는 건축의 장면 변화에서 경험과 지식이 상호작용하면서 얻게 되는 새로운 공간 개념을 얻었다. 그의 건축의 기본 개념 중 하나인 '건축적 산책la promenade architecturale'이 태동한 계기였다.[32]

파르테논 신전을 향한 오마주

고대에 건설됐지만 현대 건축에까지 큰 영향을 끼친 아테네 아크로폴리스는 17세기까지만 해도 고전 건물의 원형을 유지해오다가 그 후 여러 차례 수난을 당했다. 특히, 앞서도 언급된 1687년 베네치아인의 포격으로 많은 곳이 허물어진 후에는 방문객들이 깨진 조각물의 파편을 기념품으로 주워갔다. 19세기에 엘긴 백작Lord Elgin, 1766-1841이 파르테논의 프리즈frieze[33], 메토프metopes[34]와 페디먼트pediments[35]들에서 손상되지 않은 건축적 조

영국박물관의 '엘긴의 대리석' 전시공간

각물들을 가져간 것이 가장 대표적인 반출 사례다.

1833년 터키 주둔군이 물러간 후 1865년 파르테논 남동쪽 옆에 800제곱미터 면적의 첫 뮤지엄을 짓는 공사가 시작되어 1874년에 완공됐다. 하지만 1886년에 시작된 발굴로 출토된 유물들을 수용하기에는 좁았다. 두 번째 뮤지엄이 건설됐으나 1946-1947년에 두 번째 뮤지엄을 허물고 첫 번째 뮤지엄을 확장했다. 1970년대에 접어들어 많아진 방문객을 수용하기에 만족스럽지 않고 걸작들을 보여주는 전시에도 자주 문제가 생겼다. 1976년에 당시 그리스 총리였고 그 후 두 번 대통령으로 재직했던 카라만리스K. Karamanlis, 1907-1998는 새롭게 아크로폴리스 뮤지엄을 건설해 이런 문제들을 해결하고자 했다. 언젠가는 값으로 따질 수 없이 귀중한 파르테논 신전의 조각물들을 다시 모아 보존하는 기술적 시설을 갖춘 뮤지엄의 신축 필요성을 떠올린 것이다.

1976년과 1979년에 그리스 건축가로만 참가가 제한됐던 건축 공모전이 열렸지만 모든 제안이 대지에 적합하지 않다는 이유로 당선안을 뽑지 않았다. 1989년에는 배우 출신 문화부장관인 메르쿠리M. Mercouri, 1920-1994가 영국박물관British Museum에 공식적으로 파르테논 대리석의 반환을 요구하며 국제건축공모전을 개최했다. 영국인에게 셰익스피어가 큰 의미가 있는 것처럼 파르테논의 대리석은 그리스인의 자존심이자 정체성이라고 주장하며 '엘긴의 대리석Elgin's Marble'이 본국으로 돌아와야 한다고 주장한 것이다. 이런 요구는 그 전부터 있었지만 돌려줘 봐야 제대로 전시할 곳이 있느냐는, 돌려줄 마음이 없는 영국의 트집도 새 뮤지엄 건립의 필요성을 자극했다.

영국박물관에 전시된 '엘긴의 대리석' 중 일부

하지만 이 공모전 이후 건설 예정 대지에서 고전시대에서부터 아테네 초기 기독교시대까지의 대규모 주거 유적이 발굴되어 이탈리아 건축가 니콜레티M. Nicoletti, 1930-2017의 당선작은 실현되지 못했다. 뒤에서 다시 살펴보겠지만, 전시공간에서 파르테논 신전을 조망할 수 있는 아이디어가 중심을 이룬 역작이었음에도 뒤늦게 발굴된 유적들이 새로운 뮤지엄 계획 속에 통합되어야 했기 때문이다. 2000년에 다시 네 번째 공모전이 공고됐고, 스위스 건축가로 뉴욕에서 활동 중인 베르나르 추미Bernard Tschumi, 1944-의 계획안이 당선됐다. 연면적 25,000제곱미터, 전시면적 14,000제곱미터

아크로폴리스 언덕에서 내려다본 뉴 아크로폴리스 박물관과 주변

뉴 아크로폴리스 박물관의 지하에서 발굴된 유적과 박물관을 들어 올린 기둥들

로 아크로폴리스 언덕 위에 있던 이전 뮤지엄보다 열 배 더 넓은 뉴 아크로폴리스 뮤지엄은 하부의 유적을 보존하기 위해 100개가 넘는 굵은 기둥들 위에 얹혔다.[36]

뒤에서 다시 살펴보겠지만, 그리스 청동기시대부터 로마 및 비잔틴시대까지 아크로폴리스 언덕과 그 경사면에서 발견된 모든 유물을 전시하려는 이 뮤지엄을 위한 1989년과 2000년의 공모전 당선작은 둘 다 파르테논 신전을 향한 절대적 경의를 표한다는 공통점이 있다. 이는 뮤지엄을 신축하는 이유이기도 하지만 어떤 경의를 바쳐도 과하지 않은 위대한 인류유산 앞에서 합당한 자세를 견지한 것이다.

센 강변의 파리 노트르담 대성당과 제2차 세계대전 강제이송 희생자 기념관

센 강변의 역사적 문화재들

기원전 3세기에 골Gaule족의 일파인 파리지이Parisii족이 센강la Seine의 시테섬Île de la Cité에 도착하면서 파리에 사람들이 본격적으로 정착하기 시작했다. 고대 로마인들은 지금의 프랑스 지역을 골족의 땅이라 하여 갈리아라고 불렀다. 골족은 고대 유럽 지역에 퍼져 살았던 호전적인 유목민족인 켈트Celt족의 일파다. 기원전 52년 시저 휘하의 로마 장군 라비에누스Titus Labienus, 100년경 BC-45 BC가 시테섬을 정복한 후 갈리아 사람들은 점차 로마에 동화됐다.

파리 노트르담 대성당과 대법원 청사가 있는 시테섬은 이미 이 시기부터 요새로 활용되며 도시로서의 모습을 갖추기 시작했다.

1991년에 동쪽으로 시테섬 바로 우측에 있는 생루이섬Île St-Louis에서부터 서쪽으로 에펠탑까지 3.67제곱킬로미터(367헥타르)의 면적이 유네스코 세계유산으로 지정된 파리의 센 강변에는 세계 최고의 관광도시답게 고풍스러운 문화유산이 줄지어 들어서 있다. 그중 세계유산 보호구역 경계 안에 있는 대표적인 문화재들을 강의 동쪽에서 서쪽으로 옮겨가며 추려보자.

센 강변의 유네스코 세계유산 구역을 보여주는 그림

화재로 지붕이 불타고 있는 파리 노트르담 대성당

프랑스 대법원 청사

먼저, 2019년 화재로 첨탑과 지붕이 무너져 내려 전 세계인의 마음을 아프게 했던 파리 노트르담 대성당Cathédrale de Nôtre-Dame de Paris, 1163-1345이 시테섬 안에 있다. 대성당 북쪽으로 센강에 세워진 첫 철교로 1854년에 완공된 아르콜 다리Pont d'Arcol를 건너면 1357년부터 계속 증축되며 파리시의 공용건물로 쓰이다가 1871년 화재로 잿더미가 된 후 네오르네상스 양

예술의 다리에서 본 프랑스 학사원 건물

식으로 재건축된 파리 시청사가 야외 전시나 공연장으로도 활용되는 넓은 광장과 함께 방문객을 맞는다. 시테섬에서 노트르담 대성당 서편에 있는 대법원 청사Palais de Justice는 10세기부터 14세기까지 왕들의 거주지였던 곳에 세워졌다.

센강을 따라 더 서쪽으로 가면 원래 학교 건물로 지어졌다가 현재는 1795년에 창립된 프랑스 학사원으로 사용되는 건물Palais de l'Institut, Louis le Vau, 1668년 완공, 20세기 중반까지 세계 예술교육의 본산 역할을 했던 에콜 데 보자르 건물École des Beaux-Arts, F. Duban, 1830-1861,

파리 시청사와 그 앞 광장

오늘날 인상주의 대표 화가들의 그림을 전시해 주목받는 오르세 미술관Musée d'Orsay, G. Aulenti, 1980-1986이 강 남측에 서로 떨어진 채 서 있다. 오르세 미술관은 1900년 파리에서 개최된 만국박람회를 위해 지어진 오르세 기차역Gare d'Orsay, G. Laloux이자 호텔을 미술관으로 개조한 것이다. 강 건너편에는 1546년에 짓기 시작해 7명의 왕을 거치며 300년 후에 완공된 루브르궁전(오늘날의 루브르 박물관)이 위용을 자랑한다.

에콜 데 보자르 건물과 중정

센강에서 본 루브르 박물관

루브르 박물관의 서쪽에는 튈르리 공원Jardin des Tuileries에 이어서 3,300여 년 전에 제작된 오벨리스크와 정교하게 장식된 분수가 있는 콩코르드 광장Place de la Concorde이 있다. 이 오벨리스크는 대략 기원전 1400년경에 건립됐고, 람세스 2세 때 증축된 룩소르 신전

센강에서 본 오르세 미술관

Luxor Temple의 문 양편을 지키던 두 오벨리스크 중 오른쪽에 서 있었던 것이다. 당시 오토만 이집트Ottoman Egypt의 지배자였던 무함마드 알리 파샤Muhammad Ali Pasha, 1769-1849가 점령 지역의 문화재를 소홀히 여기고 프랑스에서 제작된 기계시계와 맞바꾼 것을 1833년에 파리로 옮겨와 1836년에 콩코르드 광장의 중심부인 현재 자리에 세웠다. 당시로는 신기한 발명품이었던 기계로 움직이는 시계가 탐나서였겠지만, 이 시계가 전달됐을 때는 운반 중 파손되었는지 고장이 나 있어 한쪽에서 큰 손해를 본 물물교환이었다.

지금은 화합을 상징하는 이름인 콩코르드로 바뀌었지만, 이 광장은 프랑스혁명 때 혁명 광장Place de la Révolution으로 불리며 루이 16세Louis XVI, 1754-1793와 그의 왕비 앙투아네트Marie-Antoinette, 1755-1793, 혁명 지도자였던 당통G.-J. Danton, 1759-1794, 공포정치의 주도자 로베

파리 튈르리 공원

스피에르M.-F.-M.-I. de Robespierre, 1758-1794를 포함해 2년간 1,343명이 단두대에서 목이 잘린 곳이다. 루이 15세Louis XV, 1710-1774의 기마상을 세우기 위해 만들어졌고 본래 이름이 루이 15세 광장이었던 곳에서 왕위를 이어받은 손자가 죽임을 당한 것이다. 매년 7월 14일 프랑스혁명 기념일마다 프랑스 대통령은 혁명 당시의 최고 지도자들이 처형된 이 광장에서 샹젤리제 대로를 행진해 온 군대의 사열을 받는다. 더 서쪽으로 향하면 오르세 역처럼 1900년 만국박람회를 위해 전시장으로 건설된 대궁전Grand Palais, H. Deglane, A.-F.-T. Thomas, A. Louvet & Ch.-L. Girault, 1897-1900과 소궁전Petit Palais, Ch.-L. Girault, 1897-1900이 마주 보고 서 있다.

오벨리스크와 아름다운 분수가 있는 파리 콩코르드 광장

1900년 만국박람회를 위해 파리에 전시장으로 건설된 대궁전(중앙)과 소궁전(우측)

대궁전과 소궁전이 있는 강 건너편에는 현재 국회의사당으로 사용되는 부르봉궁전Palais Bourbon, 1722-1728이 있다. 그리고 태양왕 루이 14세Louis XIV, 1638-1715가 퇴역 군인들을 수용하기 위해 지었으며 그 돔dome 아래에 나폴레옹B. Napoleon, 1769-1821의 관이 안치된 앵발리드les Invalides(L. Bruant, 1671-1674. 돔이 있는 교회 건물을 설계한 건축가는 J. Hardouin-Mansart, 1676-1706)가 그 근처에 있다. 앵발리드에서 약 1.4킬로미터 서쪽에는 에펠탑Tour Eiffel이 1937년 파리에서 개최된 국제박람회용

현재 프랑스 국회의사당으로 사용 중인 부르봉궁전

전시장으로 건설된 샤이오궁Palais de Chaillot, J. Carlu & L. Azéma과 센강을 사이에 두고 마주 보고 있다. 에펠탑은 프랑스혁명 100주년을 기념해 1889년 파리에서 개최된 파리 만국박람회 입구용으로 건설되었다. 1889년 만국박람회 장소였던 에펠탑 뒤편의 넓은 잔디밭 이름인 마르스 광장Champ de Mars은 연병장이라는 뜻이다. 매년 7월 14일 프랑스혁명 기념일이면 에펠탑을 배경으로 펼쳐지는 화려한 불꽃쇼의 관람 장소가 되는 이곳의 이름은 여기가 잔디밭 너머에 있는 군사학교École militaire, A.-J. Gabriel, 1752-1760의 훈련장이었음을 알려준다. 다섯 살의 나이에 증조부인 루이 14세로부터 왕위를 이어받은 루이 15세는 이 학교가 루이 14세가 건설한 앵발리드보다 더 크기

파리의 앵발리드

를 원해, 웅장한 규모로 지어졌다. 당시 2년제 학교였던 이곳에 1784년 열다섯 살 나이에 입학한 나폴레옹은 1년 만에 조기 졸업했다.

에펠탑에서 내려다본 샤이오궁

센 강변에 있는 유네스코 세계유산 보호구역 경계 안에는 22개의 다리가 강 양편에 자리 잡은 유서 깊은 문화재들을 연결해준다. 프랑스의 위대한 문호 빅토르 위고Victor Hugo, 1802-1885가 격찬했고 피사로C. Pissaro, 1830-1903 등 많은 화가가 화폭에 담았던, 1607년 앙리 4세Henri IV, 1553-1610가 건립해 프랑스 르네상스를 보여주는 가장 오래된 다리 퐁뇌프Pont-Neuf(역설적이지만 새로운 다리라는 뜻이다), 1804년 나폴레옹이 사람만 건너다니는 다리로 건설해 루브르궁전과 프랑스 학사원을 이어주는 퐁데자르Pont des Arts(예술의 다리), 제정 러시아 황제

에펠탑에서 내려다본 넓은 잔디밭과 군사학교

니콜라이 2세Nikolay II, 1868-1918의 아버지 이름을 땄으며 1896년에 초석을 놓은 알렉산드르 3세 다리Pont Alexandre III 등 낭만적이고 아름다운 다리들이 폭이 넓지 않은 센강의 전경을 더욱 풍성하게 한다. 파리시는 2002년부터 파리의 지면과 센강 수면의 중간 높이에서 차들이 고속으로 달려 도시와 강을 단절시켰던 강변도로에 여름마다 모래를 들여와 임시 인공 해변을 만드는 '파리-플라주Paris-Plages' 계획을 시작했다. 2010년에는 강변도로를 완전히 폐쇄해 센 강변을 시민에게 온전히 되돌려줬다.

이렇게 파리의 역사와 발전을 보여주는 센 강변의 명작 구조물들과 오스만의 도시계획으로 생긴 넓은 광장들, 대로boulevard와 가로수길avenue 등은 19세기 후반과 20세기 초에 세계 여러 주요 도시들의 도시계획에 영향을 미쳤다. 유네스코는 유럽 최초의 대국가인 프랑스 수도 파리의 여러 다른 시간 층이 조화롭게 중첩된, 지리적·역사적 독립체로 간주되는 총체적인 조화로움이 도시 강변 건축의 예외적이고 독특한 예를 성취했다고 높이 평가했다.[37]

센 강변을 포함해 파리 곳곳에 있는 중요 문화재들로 인해 반경 500미터 이내가 문화재보호법의 관리하에 들어가는 파리 시내 대부분 지역에서 건물 신축 허가는 매우 까다롭게 진행된다. 도로변의 외벽만 남겨둔 채 그 뒤를 완전히 헐어내고 최신의 내부공간을 지닌 현대 건물을 새로 마련하기도 한다. 길을 면한 파

1734-1736년의 파리를 보여주는 판화

센강의 퐁뇌프 다리

센강의 강변도로가 제거된 곳에 들어선 인공 해변인 '파리-플라주'

석양 무렵 센강의 퐁데자르 다리

센강의 알렉산드르 3세 다리

사드까지 다 바꾸는 제안으로 까다로운 심의를 통과한 소수의 건물은 이후 보게 될 두 뮤지엄과 같이 현대적이면서도 기존의 맥락과 함께하려는 노력을 인정받아야 한다.

고딕 성당건축의 정수

이 책에서 주목하는 신축 뮤지엄이 가까이에 있는 파리 노트르담 대성당에 대해서 조금 더 들여다보자. 고딕 성당건축의 정수로 인정받는, 파리와 프랑스를 가장 잘 상징하는 기념물 중 하나인 이 성당의 정면 두 탑에는 뾰족탑이 없는 까닭에 과도한 수직성이 느껴지지 않아 오히려 더 편안하다. 고딕건축의 특징으로 본다면 아직 미완성인 셈이다. 모리스 드 쉴리Maurice de Sully, 1120-1196 주교의 주도로 1163년에 시작된 대성당 건립공사는 14세기 중반까지 2세기 이상 지속됐다.

파리 시민들의 정신적 지주였던 이 대성당은 세속적인 권력자들에 의해 17세기부터 수난을 겪었다. 루이 13세Louis XIII, 1601-1643는 성당 내부를 대리석과 청동 장식으로 변형시켰다. 루이 15세는 가마를 타고 대성당을 출입하기 위해 정면의 문 세 개 가운데 중앙에 있는 성모 마리아의 문을 확장했다. 스테인드글라스도 무색유리로 대체됐다. 프랑스혁명 때는 종교적 횡포가 논란이 되면서 대성당의 이름이 '이성의 전당Temple de la Raison'으로 바뀌었다. 성당 앞면에 장식된 28개의 유대 왕 조각상은 프랑스 역대 왕의 조각상으로 오인되어 파손됐다. 1804년 12월 2일 나폴레옹이 노트르담 대성당에서 대관식을 거행할 즈음에는 성당 내부도 상당 부분 훼손

파리 노트르담 대성당의 정면

파리 노트르담 대성당 정면에 있는 유대 왕들의 조각들

다비드가 그린 나폴레옹 황제 대관식, 1805–1807

됐다. 근대 회화의 아버지라고도 불리는 다비드J.-L. David, 1748-1825가 상상을 가미한 그림을 그렸던 황제 대관식을 이곳에서 거행했을 때는 내부에 회를 바르고 벽걸이들로 손상된 부분을 가려야 했다.[38] 이런 그림들은 다비드가 유럽 신고전주의 운동의 핵심 인물로서 미술사에 한 획을 그은 화가임에도, 그에게 그림을 출세와 처세에 이용해 부질없는 권력만을 좇았다는 용서받지 못할 주홍글씨를 새겨주었다.

노트르담 대성당은 빅토르 위고가 1831년에 출판한 소설 『파리의 노트르담*Notre-Dame de Paris*』이 선풍적인 인기를 얻으면서 회복될 기회를 잡았다. 꼽추 콰지모도와 미녀 에스메랄다의 애틋하고 슬픈 얘기가 프랑스 국민 안에 잠재해 있던 신앙심에 불을 지폈

다. 이 책은 노트르담 대성당과 당시 파리를 묘사하는 데 거의 한 챕터를 할애했다. 콩코르드 광장의 오벨리스크를 입수하는 데 성공한 루이 필리프 왕Louis Philippe, 1773-1850은 1841년 7월에 대성당 앞면 복원공사를 결정했다.

고딕건축 복원 전문가인 비올레르뒤크E. E. Viollet-le-Duc, 1814-1879가 1844년부터 1864년까지 복원작업을 수행했는데, 이때 이전에 없었던 새로운 요소들과 모티프들이 추가되기도 했다. 이 때문에 노트르담 대성당의 양식이 그 이전과 완벽하게 일치하지 않아서 복원 당시에 논쟁도 있었다. 하지만 지금은 과거를 모방하는 데 집중해 퇴행적이었던 19세기의 신고전주의neo-classicism 건축 경향과 달리 건축 역사에서 건강한 움직임으로 인정받는 신고딕주의neo-gothic 건축을 이끈 비올레르뒤크의 창의성이 반영된 작업으로 인정받는다. 2019년 화재로 무너져 내린, 대성당에서 제일 높은 첨탑도 비올레르뒤크가 추가한 것이어서 '이참에 또 다르게 보수하는 것이 어떨까?'라는 의견이 많았다. 온갖 아이디어들이 쏟아져

1841년 파리 노트르담 대성당의 훼손된 정면 모습. 유대 왕들의 조각도 모두 제거됐다.

비올레르뒤크가 덧붙였으나 화재로 무너져내린 파리 노트르담 대성당 지붕의 첨탑

나왔으나 현재는 화재 전의 모습으로 복구하는 것을 목표로 보수 중이다.

낮추고 좁힌 추모의 장

제2차 세계대전 강제이송 희생자 기념관은 제2차 세계대전 중에 나치 독일의 점령하에 있던 남부 프랑스를 1940년부터 1944년까지 통치한 비시 정부Vichy France 시기에 나치 강제수용소로 추방된 20만 명의 유대인을 추모하기 위해 지어진 기념관이다. 이 기념관은 시신보관소가 있었던 곳으로 파리 노트르담 대성당 뒤편 공원 너머에 있는 시테섬의 동쪽 끝에서 센강에 면해 있다. 설계는 프랑스 근대주의 건축가 팽귀송G.-H. Pinguisson, 1894-1978이 맡았다.

이 기념관이 개관된 1962년에 프랑스 생존자 단체인 '기억 네트워크Réseau de souvenir'[39]가 발간한 책자는 이 기념관을 "신성한 섬, 프랑스의 영혼을 꽃피우는 우리 민족의 요람, 그 정신이 깃든 곳"

파리 노트르담 대성당의 첨탑에서 뒤를 바라본 전경.
센강이 갈라지는 뾰족한 지점에 제2차 세계대전 강제이송 희생자 기념관이 작게 보인다.

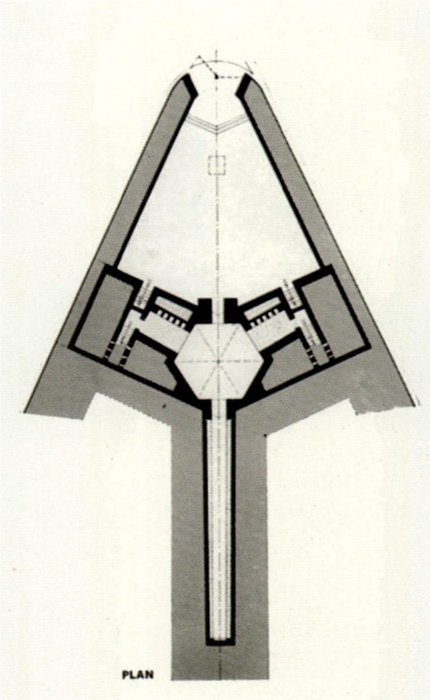

지하에 묻힌 제2차 세계대전 강제이송 희생자 기념관의 평면도

이라고 묘사했다. 선박의 뱃머리 형상인 이 기념관은 들어오고 나가는 용도인 두 개의 좁은 계단이 외부 세계와 기념관의 작은 앞마당을 연결한다. 지면보다 한 층 내려간 이 마당은 강제수용소에서 가져온 흙과 살해된 뼈를 불태운 재를 담고 있는 두 개의 채플이 들어 있는 육각형 로톤다로 이어진다. 건축가 팽귀송은 좁고 긴 지하공간이 강제수용소가 유발하는 폐쇄공포증을 느끼게 하길 바랐다. 두 개의 콘크리트 블록 사이로 들어가는 기념관의 입구는 한 명이 들어가기에도 좁다.

이 기념관의 벽에는 프랑스 시인이자

좁은 계단을 통해 내려온 앞마당에서 뒤돌아본 제2차 세계대전 강제이송 희생자 기념관

작가 아라공Louis Aragon, 1887-1982, 초현실주의 시인으로 그 자신이 추방자였던 데스노Robert Desnos, 1900-1945와 엘뤼아르Paul Éluard, 1985-1952, 소설가 생텍쥐페리Antoine de Saint-Exupéry, 1900-1944, 작가이자 철학자인 사르트르Jean-Paul Sartre, 1905-1980 등 레지스탕스 운동을 했던 이들의 문학작품에서 발췌한 문구들이 새겨졌다. 이 기념관 바닥의 원형 명패에는 "그들은 땅속으로 내려가서 돌아오지 않았다."는 문구가 적혀 있다. 그 안에는 독일의 노이슈타트Neustadt시에 있던, 강제수용소에서 사망한 무명의 추방자들을 기리는 묘비가 있다. 이 묘비에는 "강제수용소에서 숨진, 밤과 안개 속에서 잠든 20만 명의 프랑스 추방자들을 생생하게 기억하며"라는 비문이 새겨져 있다.

좁고 희미한 조명이 들어오는 방의 양쪽 벽을 따라 빛이 비치는 20만 개의 유리 결정체는 강제수용소에서 사망한 추방자들을 상징한다. 육각형 로톤다의 중심에는 영원한 희망을 상징하는 꺼지지 않는 불꽃이 있다. 파리 개선문 아래 관광객들로 붐비는 곳에 "이곳에는 한 프랑스 병사가 조국을 위해 목숨을 바치고 묻혀 있다."는 글귀와 함께 꺼지지 않는 불꽃이 있다. 이탈리아 코모Como에 있는 파시즘 당사Casa del Fascio, G. Terragni, 1932-1936 안쪽에서도 꺼지지 않는 불꽃을 봤다. 건축을 공부하는 학생이라는 이유로 건축 명작 안으로 입장하는 것을 특별히 허가받은 후 예기치 않게 만난 불꽃이었다. 바르샤바에서 새벽안개가 덜 걷힌 축축한 아침에 들른 색슨 공원Saxon Garden 안에도 무명용사의 묘와 함께 있는 꺼지지 않는 불이 있었다. 이것들은 무명용사를 기리면서 그들의 애국적 용감함이나 영웅주의를 상징하는 불꽃이다. 이와 달리 제2차 세계대전 강제이송 희생자 기념관의 불꽃은 나치에 끌려간,

강제수용소에서 사망한 추방자들을 상징하는 20만 개의 유리 결정체가 좌우에 늘어선 제2차 세계대전 강제이송 희생자 기념관의 중앙 갤러리

제2차 세계대전 강제이송 희생자 기념관의 벽에 새겨진, "용서하되 잊지는 않는다…"는 문구

신분이 알려진 희생자들을 잊지 않겠다는 약속이다. 기념관 양편의 두 채플 양쪽 끝에서 수용소의 감방을 묘사하는 작은 방의 출구에는 나치에 희생된 사람들을 기리는 모든 곳에 쓰여 있는, 독일이 사죄했을 때 이스라엘 총리가 말했다는 "용서하되 잊지는 않는다…Pardonne, n'oublie pas..."라는 문구가 새겨져 있다. 수많은 유대인이 강제수용소로 끌려가 비극의 중심지가 됐던 프라하의 유대인 거주구역에 있는 공동묘지와 유대 교회, 처참함에 치가 떨렸던 아우슈비츠 강제수용소의 가스실과 총살대에서 들렸던 것과 같은 메시지로, 그 앞에서 망연자실하지 않을 수 없었다.

미국에서 발행되는, 디자인과 건축에 관한 국제 잡지 『아키텍추럴 다이제스트*Architectural Digest*』는 10대 중요 기념관 목록에 이 작은 기념관을 포함했다. 이곳이 희생자들을 영웅적으로 띄우기보다는, 내려가는 계단을 통해 강제이송이라는 입에 담기도 싫은 익명의 드라마를 환기하도록 의도한 것을 높이 평가했다. 규모가 크거나 외부에 기념비적으로 드러나는 기념관들과 달리 오히려 낮추고 좁힘으로써 존재 목적이 더 생생하게 표현된 것이다.[40] 항상 인파로 북적이는 노트르담 대성당 뒤편 공원에 붙어 있으면서도 눈에 잘 띄지 않는 이 기념관은 떠들썩한 방문지가 아니라 무거운 마음을 싸매고 조용히 묵상하는 장소다. 가장 붐비는 곳에 있음에도 군중으로부터의 피난처로서 최근 역사에서 가장 어두웠던 사건 중 하나를 강렬하게 상기시킨다.

센 강변의 에펠탑과 케브랑리 박물관

파리와 프랑스의 상징

파리의 중심부를 가로질러 흐르는 센강을 굽어보고 있는 에펠탑은 다른 문화재들보다는 서쪽으로 조금 더 떨어져 있어 센 강변의 유네스코 세계유산 보호구역을 넓혔다. 파리 어느 곳에서나 보여 노트르담 대성당에 이어 파리와 프랑스의 또 하나의 상징이라 할 수 있는 에펠탑은 앞서 언급한 것처럼 프랑스혁명 100주년을 기념해 1889년 파리에서 개최된 파리 만국박람회의 입구로 사용하기 위해 건설됐다. 뛰어난 엔지니어들의 도움을 받은 에펠은 공모전을 통해 건설자로 선정된 후 예상 공사비 650만 프랑francs의 ¼에 조금 못 미치는 150만 프랑을 착수금으로 받았다. 나머지 건

1888년 7월 건설 중이던 에펠탑

오늘날의 파리 에펠탑

설비는 만국박람회 기간의 수입과 향후 20년간의 운영 수입으로 충당하고 그 후는 탑을 해체하는 조건이었다. 만국박람회가 시작되고 20일 후에나 승강기가 작동을 시작했지만, 나머지 건설비는 5개월 25일간의 만국박람회 동안 에펠탑을 오른, 190만 명에 달한 방문객이 낸 요금만으로도 다 채워졌다. 매일 박람회의 오프닝과 클로징은 탑 위에서 쏜 대포 소리로 알렸다.

프랑스 지폐에 얼굴이 올랐을 정도로 유명인인 에펠의 공모전 디자인은 다른 이들의 제안과 비교했을 때 압도적으로 아름다웠다. 구조역학 계산능력이 오늘날처럼 정밀하지 않은 때에 초기 공학의 힘을 빌린 디자인이었지만, 에펠의 안은 높이가 300미터에 달하는 거대 연철 구조물의 7,000톤 무게가 지상으로 전달되는 흐름을 가장 정확히 풀어내 우아한 선을 얻었다. 그런데도 파리의 하늘을 차지한 에펠탑은 계획안 수립 당시부터 이런 거대한 탑이 성공적으로 건설될 리 없다는 우려를 일으키며 논란의 대상이 됐다.

2,200석의 파리 오페라 극장인 오페라 가르니에Opéra Garnier, 1862-1875를 설계한 가르니에Ch. Garnier, 1825-1898, 오페라 '파우스트'와 '로미오와 줄리엣'을 작곡한 구노Ch. Gounod, 1818-1893, 프랑스 사실주의 대표 작가인 모파상Guy de Maupassant, 1850-1893 등이 중심이 되어 건립을 반대하는 위원회가 조직됐다. 그들에게 에펠탑은 쓸모없고 괴물 같으며 우스꽝스러운 존재였다. 검은 굴뚝처럼 파리를 지배하면서 노트르담, 루브르, 앵발리드, 개선문 같은 다른 파리의 기념물들에 굴욕감을 주는, 볼트가 달린 판금속의 혐오스러운 기둥의 그림자를 20년 동안 잉크 얼룩처럼 늘어뜨릴 흉물이었다. 탑이 건립된 후에는 그 가치를 인정하는 쪽으로 돌아선 이들도 있었지만, 모파상 같은 반대자가 파리에서 에펠탑이 보이지 않는 곳이 그곳밖에 없다며 매일 점심을 탑의 레스토랑에 올라가 먹었다는 일화는 유명하다.

당시 파리에서 철골 구조는 고상한 건물의 외관으로 드러낼 수 없는, 건축보다는 토목공학에나 어울리는 구조재로 여겨졌다. 파리의 최고급 백화점인 갤러리 라파예트Galerie Lafayette나 파리의 여

갤러리 라파예트 백화점의 넓은 중앙부 매장을 덮고 있는 철제 구조물

러 기차역 플랫폼처럼 철 구조물로 지탱되는 유리로 넓은 장소를 덮었으나, 외벽은 음영이 지고 장식이 곁들여진 무거운 석재로 마감된 이유다. 그러나 에펠탑은 곧 시인 아폴리네르G. Apollinaire 1880-1918, 화가 쇠라G. Seurat, 1859-1891, 뒤피R. Dufy, 1877-1953 등의 예술작품 소재가 될 만큼 선풍적인 인기를 누렸다. 주변에 변변한 산이 없는 평지인 파리에서 에펠탑은 마침 발달하기 시작한 무선통신을 위한 안테나 설치 장소로 실용성이 더해져 건립 20년 이후에도 해체를 모면했다. 1957년에는 20미터 높이의 텔레비전 송신탑이 추가됐고, 기상대와 항공연구소도 그 안에 자리 잡았다.

석재로 마감된 갤러리 라파예트 백화점의 외관

파리 북역(대형 철도역)의 넓은 플랫폼을 덮고 있는 철제 지붕

장식적인 석재로 마감된 파리 북역의 외관

인간이 만든 것으로 300미터 높이에 처음 도달한 에펠탑은 1930년 뉴욕에 크라이슬러 빌딩Chrysler Building이 세워지기 전까지 41년간 세계에서 가장 높은 인공 구조물이었다. 송신탑이 추가되고는 다시 한동안 세계 최고의 높이를 자랑했다. 제1차 세계대전이 막바지에 접어든 1918년 아폴리네르가 독일과의 전쟁에 대한 감정을 표현하기 위해 탑 모양의 캘리그래피

쇠라가 1889년에 점묘화법으로 그린 에펠탑

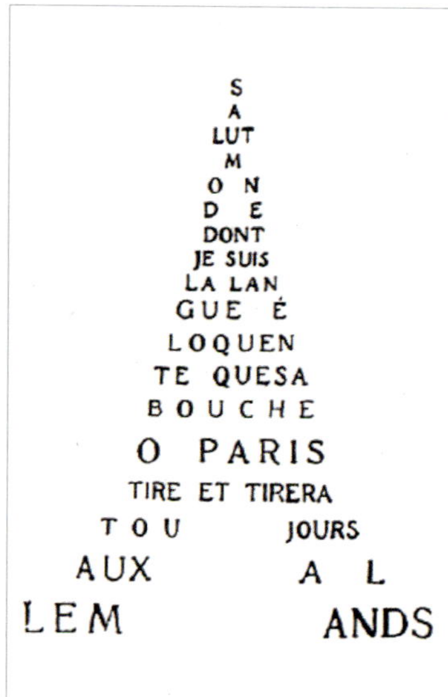

아폴리네르가 1918년에 에펠탑 모습으로 민족주의 시를 쓴 캘리그램calligrammes

calligraphy로 민족주의 시를 쓴 이후 에펠탑은 명실공히 파리와 프랑스의 상징으로, 뛰어난 구조 예술작품으로 공인됐다.[41] 에펠탑이 완공된 해에 태어나 제2차 세계대전을 일으킨 히틀러는 파리를 점령한 후 이 탑에 올라 자신의 위업을 과시하고 싶었으나 기술자들이 승강기를 망가뜨리고 피신해 뜻을 이루지 못했다. 2015년 한 해에 691만 명이 탑에 올랐다니 만국박람회 기간의 하루 방문자 수보다 두 배 가까운 인원이 매일 탑을 오른 셈이다.[42] 그중 75%가 외국인 여행객이다. 하루에 19,000명에 가까운 인파가 올랐다는 말인데, 에펠탑 아래에는 올라가는 승강기 탑승을 기다리는 줄이 늘 길게 늘어서 있다.

최신 뮤지엄 안의 토속 문화

에펠탑과 주변의 항공사진. 좌측에 케브랑리 박물관이 보인다.

에펠탑 바로 옆 센 강변에 있는 25,000제곱미터 넓이의 케브랑리 박물관 대지에는 재건 및 도시계획부 소속의 정부 건물들이 있었다. 프랑스 21대 대통령인 미테랑F. Mitterrand, 1916-1996은 이곳에 '프랑수아 미테랑의 대규모 프로젝트들Les Grands Projets de François Mitterrand'[43] 중 하나인 국제 콘퍼런스 센터를 짓고 싶어 했으나 가뜩이나 에펠탑 때문에 복잡한 주변 사정의 악화를 염려한 주민들의 반대로 무산됐다.

20세기 전반부에 이미 앙드레 말로André Malaux, 1901-1976, 앙드레 브르통André Breton, 1896-1966, 클로드 레비스트로스Claude Lévi-Strauss, 1908-2009 같은 지식인과 과학자들이 프랑스 식민지에 사는 토착민들의 예술과 문화를 전담하는 뮤지엄을 파리에 짓자는 주장을 했다. 1990년에 인류학자이자 예술품 수집가인 케르샤슈J. Kerchache, 1942-2001가 일간지 『리베라시옹*Libération*』에 전 세계의 명작들은 자유롭고 동등하게 태어난다는 선언과 함께 이 뮤지엄의 건설을 다시 한 번 제안했다. 이에 동조한, 아프리카 조각을 유난히 좋아했던 당시 파리 시장 시라크J. Chirac, 1932-2019는 1995년에 22대 프랑스 대통령이 됐고 이듬해에 이 계획을 실행에 옮겼다. 전임자인 퐁피두G. Pompidou, 1911-1974 대통령이 퐁피두센터를, 지스카르 데스탱V. Giscard d'Estaing, 1926- 대통령이 오르세 미술관을, 미테랑 대통령이 루브르 박물관을 남긴 것처럼 시라크 대통령은 케브랑리 박물관(풀네임은 케브랑리 자크 시라크 박물관, Musée du quai Branly-Jacques Chirac)을 남겼다.

케브랑리 박물관 전면의 유리 스크린과 에펠탑

이 박물관은 아프리카, 아시아, 오세아니아와 아메리카 대륙의 토착 예술과 문화를 담고 있다. 100만 개가 넘는 민족지학적인ethnographic[44] 오브제, 사진과 서류들을 망라해 소장 중인데, 그중 3,500여 점이 한 해에 500점씩 교체되며 전시되고 있다. 이 소장품들은 지금은 폐관된, 역사학자들과 예술품 관리위원들이 주로 예술품들을 수집한 국립 아프리카 오세아니아 미술관Musée national des Arts d'Afrique et d'Océanie, 그리고 민속학자와 인류학자들이 사회-문화적 관련성과 용도에 중점을 두고 전시품을 수집한 인류박물관Musée de l'Homme의 민족학 연구소에 있던 오브제들을 한 곳에 모으면서 태동됐다.[45]

케브랑리 박물관의 내부 전시공간

케브랑리 박물관의 전시품

이곳의 전시물들을 보면 문화는 다를 뿐 우열을 가릴 대상이 아님을 실감하게 된다. 르코르뷔지에가 앞서 언급한, 아크로폴리스 언덕을 올랐던 여행인 동방여행 중 곳곳에 존재하는 민속 문화들이 언제나 깨끗하고 간결하며 짧고 경제적이며 강렬하고 필연적임을 즉각 이해하고 느꼈으며, 거기서 정확하게 의도된 감동을 경험했다고 말한 것[46]을 이해하게 된다. 르코르뷔지에가 전통 민속 문화를 높게 평가한 것은, 누군가 재능 있는 사람이 제시한 것이 군중을 감격시켜 받아들여지고 사람들이 그것을 오랜 기간 사용하고 수정하여 인간의 자원이자 감동의 수준으로까지 끌어올렸다고 여겼기 때문이다. 그것은 세련됐으며, 전달되기 위해서는 의미가 명확해야 했다. 또한, 그것은 정화됐고, 의미가 전해 내려질 만하다는 만장일치의 동의를 얻었다. 이렇게 시간과 대중에 의해 순수해진 성취물인 민속 문화는 매우 강력한 힘이 있어 우리를 즉시 반응하게 한다. 거기에 지성과 마음을 위한 가장 넓은 장소가 있기 때문이다.[47] 케브랑리 박물관의 크고 작은 전시물들은 지난 시대의 산물이지만 최신 건축이론이 적용된, 연면적 76,500제곱미터에 달하는 큼직한 현대 박물관 안에서 조금도 위축되지 않고 당당하다.

메리다의 고고학적 앙상블과 국립 로마미술관

아우구스투스 황제가 창설한 도시, 메리다

로마 식민지 아우구스타 에메리타Augusta Emerita(현재의 메리다)는 기원전 25년 아우구스투스 황제가 창설했다. 로마군의 서진西進 정책에 격렬하게 저항한 칸타브리아 전쟁Cantabrian Wars, 29 BC-19 BC에 참전했던 두 베테랑 군단으로, 로마 시민권자가 아닌 징집병들로 처음 구성된 알라우다이 제5군단Legio V Alaudae과 붉은 깃발에 노란 황소를 상징으로 그려 넣은 게미나 제10군단Legio X Gemina에서 제대하는 병사들을 정착시키기 위해서였다. 이 전쟁은 로마가 스페인을 정복하기 위해 두 세기에 걸쳐 일으킨 정복 전쟁의 마지막 단계로 스페인의 북측에서 벌어졌다. 이 도시는 로마 제국의 최서단에 있는 루시타니아Lusitania 지방의 중심도시였다. 오늘날 메리다의 고고학적 앙상블은 스페인에서 가장 크고 광범위한 고고학 유적지 가운데 하나로서 1993년에 유네스코 세계문화유산으로 지정됐다.

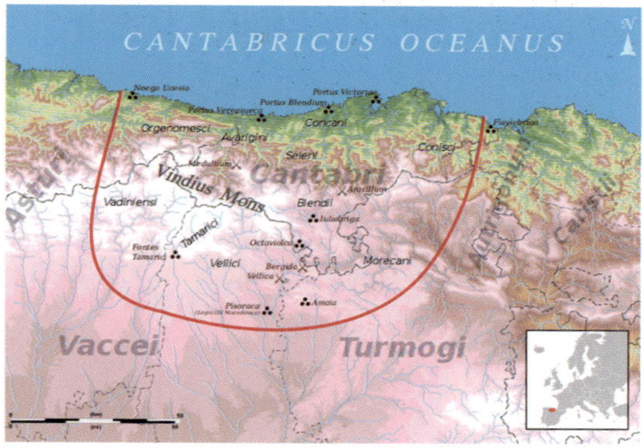

칸타브리아 전쟁 기간, 로마 칸타브리아의 국경을 보여주는 지도

기원전 16-15년에 세워져 로마 집정관, 장군이자 건축가인 아그리파M. V. Agrippa, 64/62 BC–12 BC에게 헌정된 후 수차례 보수된 6,000명 수용 규모의 로마 극장Roman Theatre, 기원전 8년에 검투사 경기와 짐승들의 사냥 장면을 보여주기 위해 건립된 15,000석 규모의 로마 원형경기장Roman Amphitheater 덕분에 메리다는 '로마 건축물의 전시장'이라는 별칭을 얻었다. 기원전 20년경에 세워진 30,000명 수용 규모의 로마 원형 대경기장Roman Circus, 스페인과 포르투갈의 경계를 이루는 중요한 강으로 메리다의 중심을 흐르는 과디아나강Río Guadiana을 가로지르는 792미터 길이의 로마 교량, 5킬로미터 떨어진 프로세르피나 댐Proserpina Dam에서 메리다로 물을 공급했던 밀라그로스 수도교Los Milagros Aqueduct, 도시의 북쪽 개울과 샘에서 물을 끌어온 라보 드 부에-산 라자로 수도교Rabo De Buey-San Lázaro

메리다의 고대 로마 극장

Aqueduct, 기원전 1세기 또는 아우구스투스 시기 초기에 세워진, 이름과 달리 황제를 숭배하는 디아나 신전Temple Diana, 지방의 포럼 입구 아치로 추정되는 트라야누스 개선문Arch of Trajan 외에도 메리다에는 다수의 고대 로마 유적이 남아 있다.[48] 현대 도시 안에서 0.32제곱킬로미터(32헥타르)의 면적에 22곳의 유적이 잘 보존된 것이다.

메리다의 구도시가 유네스코 세계유산이 된 이유를 밝힌 문서를 보면 이렇게 고대 로마의 유적이 많이 남아 있을 뿐만 아니라 그것들이 매우 잘 보존되고 있다는 언급이 거듭 나온다. 또한, 고대 로마 이후의 시대와 현대 도시와도 조화롭게 존재한다는 것이 강조된다. 그 위에 동東게르만계 고트족의 한 분파로서 남하해 376년 처음 로마 제국을 침범하고 스페인에 정착한 서西고트족Visigoths과 그 후 스페인을 점령한 무슬림 시대에 건립된 기념비들과 함께 역사의 다른 시대들의 합치를 증명하면서 로마 유적들이

메리다의 고대 로마 원형경기장

메리다의 고대 로마 전차경기장

메리다의 라보 드 부에-산 라자로 수도교

메리다의 디아나 신전

메리다의 밀라그로스 수도교

잘 보존된 특징을 보인다. 메리다의 느리고 제한적인 도시 개발 덕분에 20세기 들어 본격화된 발굴 때까지 매장된 유적들이 잘 보존되었다.

이런 고고학의 도시 메리다가 스페인의 서쪽에 있는 자치지방으로서 서쪽으로는 포르투갈에 접한 엑스트레마두라Expremadura 지방의 중심도시가 되면서 교통량이 빠르게 증가했다. 메리다는 이 문제를 해결하기 위해 과디아나강을 건너는 루시타니아 다리Lusitania Bridge, 1988-1991를 세우기로 하고, 기술적인 면모가 뚜렷하고 조형성이 돋보이는 구조물을 즐겨 만드는 건축가 칼라트라바S. Calatrava, 1951-에게 설계를 맡겼다. 메리나 서쪽의 구도심으로 접근하는 다리를 취리히 연방공대 대학원에서 토목공학도 전공한 기술지향적인 건축가에게 의뢰한 것이다. 칼라트라바도 기하학적인 메리나 유적을 의식한 듯 그의 작품 중 드물게 단순하면서도 명확한 기하학이 드러나는 디자인을 제시했다. 이렇게 살아 있는 도시는 여전히 고전성을 잘 보존하고 있는 경우에도 현대적 첨가물이 들어가기 마련이다. 이곳에 메리다가 아우구스투스 황제에 의해 이베리아반도의 전초기지가 된 지 2천 년이 된 기념으로 로마 극장과 로마 원형경기장 이웃에 국립 로마미술관을 건립키로 기획되었다. 설계를 맡은 건축가는 앞에서 살펴본 아를 고대사박물관에서처럼 구도심 전체가 이미 뮤지엄인 곳에 새로운 뮤지엄을 계획해야 하는 임무를 떠안았다.

칼라트라바가 설계한, 과디아나강을 건너는 루시타니아 다리

계속 발굴되는 유물을 위한 집

아우구스타 에메리타의 옛 이베리아 전초기지 자리에 있는 국립 로마미술관은 이베리아반도에서 가장 뛰어난 로마 조각품과 모자이크 등의 유물을 소장하고 있다. 묘비, 도자기, 유리제품, 동전, 조각품, 그림, 모자이크 등 다양한 전시 품목을 자랑한다. 이 유물들은 로마 극장, 원형경기장, 서커스를 포함한 메리다 주변의 고고학 유적지에서 발굴된 것이다. 장례와 종교의식, 그리고 당대의 직업에 사용된 여러 물품도 전시되어 있다.

둘 사이에 다른 건물 없이 원형경기장과 불과 97미터 떨어져 세워진 이 미술관의 기원은 시에라 브라바Sierra Brava의 영주인 페르난도 디 베라 이 바르가스Fernando de Vera y Vargas, 1463-1583 사이에 출생, 1587년 이후 사망 추정가 그의 궁궐에서 금석학과 관련된 중요한 문서를 모으기 시작한 16세기로 거슬러 올라간다. 그의 아들 로카Roca 백작은 19세기 말에 허물어져 지금은 없는 건물의 파사드에 그중 일부를 전시하기도 하면서 수집품을 보존하고 그 수를 늘려나갔다. 18세기에는 두 곳에서 고고학 유물 수집을 볼 수 있는데, 하나는 메리다 요새Alcazaba de Mérida에서, 다른 하나는 나사렛의 제수이트 수도원Convento de Jesús Nazareno에서였다. 그 후 다양한 발굴과 수많은 발견이 이루어져 수집품이 대폭 늘어났다.

메리다 요새

비지고도 미술관의 전시공간

19세기에 들어 스페인은 그 안에 가치 있는 고고학 유물들을 설치할 목적으로 1838년에 산타클라라 성당Iglesia de Santa Clara(그전에는 산타클라라 수도원이었고 현재는 비지고도 미술관(Museo del Arte Visigodo)임)을 양도했다. 19세기 초엽에는 총 557점의 유물이 있었다고 한다.

20세기 초에 마드리드 중앙대학교 고고학 교수인 멜리다J. R. Mélida, 1856-1933와 지역 석학인 마키아스M. Macías, 1867-1934의 주도하에 고대 로마의 극장, 원형경기장, 서커스, 지하 분묘 등 메리다의 여러 곳에서 초기 고고학 연구가 시작되어 1939년경에는 수집품이 3,000여 점에 이르면서 새로운 박물관 설립의 배경이 됐다.

3년간 지속된 스페인 전쟁이 1939년에 끝난 뒤 메리다에서의 발굴이 재개됐다. 정부 당국은 낡은 산타클라라 성당이 새롭게 발굴된 유물들을 모두 수용하기에 부족함을 느꼈다. 메리다가 생긴 지 2천 년이 된 1975년에 마침내 새로운 국립 로마미술관의 건립이 결정됐다. 1980년에 건축가 라파엘 모네오Rafael Moneo, 1937-에게 설계가 맡겨져 1981년부터 1985년까지 과업이 수행됐다. 이듬해에 스페인 국왕 부처와 이탈리아 대통령이 참석한 개관식이 열렸다. 연면적이 13,800제곱미터인 이 미술

국립 로마미술관 외관

관은 현재 36,000여 점의 유물을 소장하고 있다.[49]

쾰른 대성당 인근에 신축된 로마게르만 박물관과 루트비히 미술관

독일 가톨릭과 고딕건축의 주요 기념물

쾰른 대성당Kölner Dom, 공식 명칭은 Hohe Domkirche Sankt Petrus은 독일 노르트라인베스트팔렌North Rhine-Westphalia주州 쾰른에 있는 가톨릭 성당이다. 쾰른 대주교좌 성당으로 쾰른 대교구의 행정도 담당한다. 독일 가톨릭과 고딕건축의 주요 기념물로 1996년에 세계문화유산으로 선정됐다. 이 대성당은 하루 평균 2만 명의 인파가 몰리는, 독일에서 방문객이 가장 많이 찾는 명소다. 정면 두 개의 쌍둥이 첨탑 높이는 157미터로 전 세계 대성당들 가운데 두 번째로 높고 파사드의 크기는 가장 크다. 건설은 1248년에 시작됐으나 1473년에 중단됐다가 1840년 이후에 재개되어 원래의 중세적 형태와

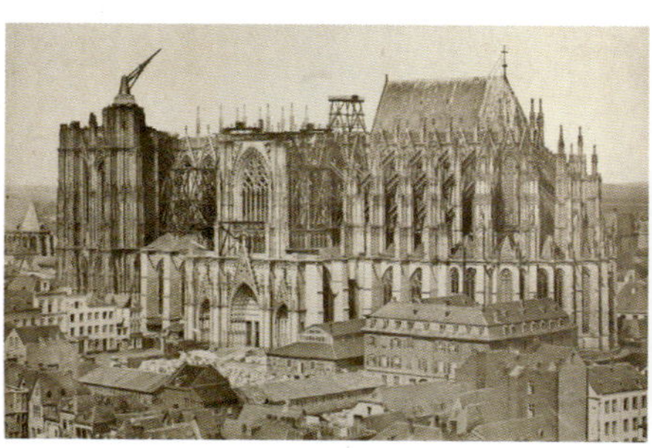

1855년 당시 건설 중인 쾰른 대성당

수직적 상승감이 확연한 쾰른 대성당 내부

기법을 충실히 따라 1880년에 완성됐다.

대성당이 지어진 곳에는 로마 황제 티투스Titus, 39 AD-81 AD 치하에서 건설된 로마 사원이 있었다. 4세기 이후에는 818년에 완공됐으나 대성당을 신축하기 위해 1248년에 철거된, '가장 오래된 대성당oldest cathedral'으로 알려진 사각형 건물을 포함한 기독교 건물들이 있었다. 7세기에는 현 대지의 동쪽 끝에 세례당이 혼자 서 있었으나 9세기에 두 번째 성당을 짓기 위해 철거됐다. 대성당을 짓기 위해 땅을 팠더니 건물의 가장 오래된 부분 쪽에서 6세기 것으로 추정되는, 화려한 부장품으로 장식된 소년 무덤과 귀부인 무덤을 포함한 무덤들이 발견됐다. 오늘날에는 세례당과 팔각형 세례반의 유적만 남아 있다.

쾰른 대성당 항공사진

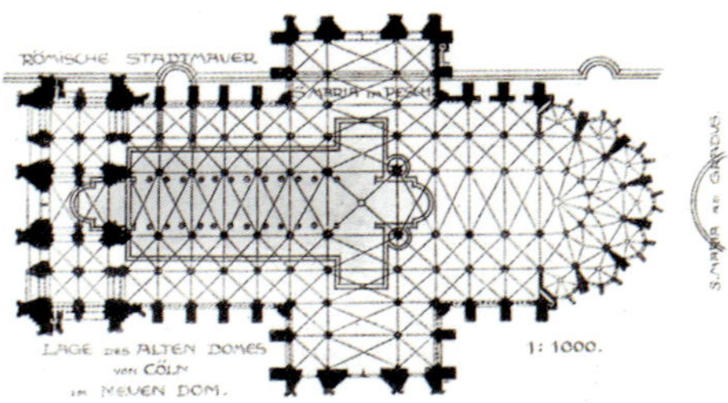

쾰른 대성당의 평면도. 내부의 작은 성당 평면도는 그 장소에 있던 이전 성당의 평면도다.

이 대성당은 아기 예수 탄생을 축하하러 간 3인의 동방박사 뼈가 들어 있다고 믿는 삼왕의 신궁The Shrine of the Three Kings, 1180-1225을 모시고자 건설됐다. 이 유물은 신성로마제국의 황제로 붉은 수염이라는 뜻의 바르바로사Barbarossa

라는 별명을 가진 프리드리히 1세Frederick I, 1122-1190가 밀라노에 있는 초기 로마네스크 양식[50]의 산테우스토르지오 성당Basilica of Sant'Eustorgio에서 빼앗은 것을 1164년에 쾰른의 대주교이자 이탈리아의 대재상이었던 라이날트 폰 다셀Rainald von Dassel, 1114-1167이 취득했다. 모산 미술Mosan art[51]의 절정이자 서양에서 가장 큰 성유물함으로 여겨지는, 금으로 장식된 이 화려한 삼중 석관은 쾰른 대성당의 높은 제단 뒤쪽에 놓여 있다. 쾰른의 중세 건축가들은 종교적으로 큰 의미가 있고 전 세계 기독교도들을 끌어모을 삼왕의 신궁을 수용하고 신성로마제국의 경배 장소로서 역할에 걸맞은 웅장한 구조를 계획했다. 목이 잘려 순교한 세례자 요한St. John the Baptist의 두개골이라고 추정되는 것을 1206년에 입수하고, 이를 모시기 위해 대규모로 건설된 아미앵 노트르담 대성당Basilique Cathédrale Notre-Dame d'Amiens, 1220-1270을 참조했다.

쾰른 대성당 안에 있는 삼왕의 신궁

쾰른 대성당은 19세기에 다시 일어난 중세에 대한 낭만적인 열정과 함께 파사드를 구상했던 원안의 발견에 자극받은 개신교 프러시아 법정의 의지로 뒤늦게 완성될 수 있었다. 1842년에 설립된 중앙 돔 클럽Zentral-Dombauverein에 모금된 시민 성금으로 공사비의 ⅔를 충당했고 나머지 ⅓은 프로이센이 보조했다. 1871년 이후 대성당은 독일의 민족성을 상징하는 프로젝트로 여겨졌다. 한

불에 탄 독일군 전차가 서 있는 쾰른 대성당. 접근 시 발포한다는 경고판을 미군이 보고 있다.

동안 불완전하게 방치됐었고 제2차 세계대전 때는 14번의 공습으로 심각한 손상을 입었지만, 형편없이 파괴된 이웃 시가지와 달리 대성당은 그 자리에 서 있었다. 쌍둥이 첨탑은 연합군 항공기의 폭격을 돕는 항해 지표 역할을 했다고 한다. 이런 시련을 겪은 쾰른 대성당은 "특출한 본질적 가치를 지닌 걸작"으로, "중세와 현대 유럽 기독교 신앙의 강인함과 끈기에 대한 강력한 증언"으로 인정받아 유네스코 세계유산에 등재됐다.[52]

2004년도에는 인근에 고층건물이 세워질 계획으로 인해 '위험에 빠진 세계유산World Heritage in Danger' 목록에 들었다가 2년 뒤 이 계획이 취소되면서 목록에서 빠졌다.[53] 유네스코 세계유산으로 지정되기 이전이기는 하지만 이렇게 중요한 문화재 바로 옆과 뒤에 두 개의 신축 뮤지엄이 지어진 것이 놀랍다. 어떻게 그것이 가능했는지를 확인해보자.

디오니소스 모자이크의 발견

쾰른 대성당의 남측 광장에 성당과 불과 12미터 떨어진 곳에 있는 로마게르만 박물관은 로마인의 식민지 정착지인 클라우디아 아라 아그리피넨시움Colonia Claudia Ara Agrippinensium 주거지에서 나온 로마 유물을 다량 소장하고 보여주는 고고학 박물관이다. 클

쾰른 대성당 주변의 항공사진. 대성당 우편에 정사각형 평면의 로마게르만 박물관이, 대성당 뒤편에서 라인강과의 사이에 루트비히 미술관이 들어서 있다.

라우디아 아라 아그리피넨시움은 후일 독일 쾰른 도시로 발전한 라인란트Rhineland[54]의 로마 식민지였다. 보통 콜로니아라고 불렸는데, 로마의 게르마니아 인페리어Germania Inferior 지방의 수도였으며, 이 지역의 군 사령부였다. 이곳은 디오클레티아누스Gaius Aurelius Valerius Diocletianus, 244-311 황제 치하의 행정개혁으로 게르마니아 세쿤다Germania Secunda의 수도가 됐다.

신축된 뮤지엄이 대성당에 이만큼 바짝 붙어 건설된 데는 그럴 만한 이유가 있었다. 제2차 세계대전 중 공습에 대비한 방공호를 파다가 이곳에서 3세기에 지어진 빌라가 발굴됐다. 이 빌라의 식당

로마게르만 박물관의 디오니소스 모자이크

디오니소스 모자이크가 들어 있던, 3세기에 지어진 빌라를 추정해 만든 모델

바닥은 북유럽에서 발견된 것 중 가장 뛰어난 디오니소스 모자이크 Dionysus mosaic로 장식되어 있었다. 약 70평방미터 넓이에 100만 개 이상의 석회암, 도자기, 유리 조각으로 만들어진 이 모자이크는 사랑의 신 큐피드Cupid와 목신 팬Pan, 댄서들, 상반신은 사람이고 하반신은 염소인 동물 세트리스satrys와 식탁의 즐거움을 보여주는 삽화들로 둘러싸인 채 술에 취해 있는 주신酒神 디오니소스를 묘사하고 있다. 모자이크가 놀라울 만큼 잘 보존된 것은 4세기에 게르만족에게 약탈당할 때 불에 탄 빌라의 잔해가 그 위에 떨어져 보호덮개 역할을 해줬기 때문이다.[55]

독일이 수세에 몰린 전쟁 중에도 발굴된 유적이 소중한 줄 알고 보호했으니 다행이다. 발견을 연합군에게 알려 그쪽으로의 공습이 더 없었는지는 알 수 없지만, 확실히 그랬을 만하다. 독일의 파리 점령군 사령관이었던 콜비츠Dietrich von Kollwitz, 1894-1966 장군은 파리를 사수하지 못하면 불태우라는 히틀러의 명령을 따르지 않았다. 장군은 나중에 르네 클레망René Clément, 1913-1996 감독이 제작해

캉의 수도원 건물과 캉 생테티엔 성당

1966년에 개봉한 영화의 제목이 된 "파리는 불타고 있는가?Paris brûle-t-il?"라는 전문電文에 그렇다고 허위보고까지 하면서 파리의 다리와 문화재들에 설치한 폭발물들을 터트리지 않았다. 문화유산이 즐비한 파리의 파괴는 전 인류에 대한 공격이라고 판단한 것이다.

영국 해협에서 14킬로미터 떨어진 대서양 연안 도시 캉Caen은 1944년 노르망디 상륙작전 때 독일군이 연합군의 진격을 막는 요충지로 수비하면서 도시의 ⅔가 파괴됐었다. 하지만 이 도시의, 11세기에 공사가 시작되어 13세기에 완공되고 1960년 이후부터는 캉의 시청사로 쓰이고 있는 수도원 건물Abbaye-aux-Hommes과 이 수도원과 붙어 있는 캉 생테티엔 성당Église Saint-Étienne de Caen은 상륙작전 당시에 독일군의 지휘소였으나 아무런 피해를 당하지 않았다. 맥아더D. MacArthur, 1880-1964 장군이 종군기자들의 요청을 수용해 500여 대의 폭격기를 동원한 공습 중 노르망디와 영국 예술 역사에서 중요하게 다뤄지는 이 건물들을 표적에서 제외한 덕분이다. 종교건축물이었던 덕분이기도 했겠지만 오랜 기간 영국과 프랑스의 영토 전쟁을 겪은 지역에서 살아남은 수도원과 성당 건물이 제2차 세계대전의 무차별적 공습에서도 비켜난 것이다. 콜비츠와 맥아더 두 장군 모두 군사적 필요성보다는 인류 가치의 보존을 택해 문화유산을 살려냈다. 제2차 세계대전 때 처음 공중전 개념이 생겼으나 당시에는 민간인 보호 의식이 없어 캉에서만 2만 명이 넘는 주민이 폭격으로 희생된 것과는 대조적이다. 캉의 구도심에 있는 성베드로 성당Église Saint-Pierre de Caen은 지금은 멀쩡하게 복구됐지만, 공습에 대파됐었다. 이 성당과 붙어 있는 중세성 안에는 1801년에 설립된 캉 미술관Musée des Beaux-Arts de Caen이 있었으나 1944년 폭격으로 잿더미가 됐다가 1967년 복구가 시작되어 1970년에 재개관됐다. 상륙작전에 성공하기 위한 연합군의 융단폭격이 도시 하나를 날려버린 것이다. 독일군이 물러간 이후로 공격의 목표물에서 제외된 덕분에 살아남은 수도원과 성당은 거리로 내몰린 수많은 주민의 대피소가 됐다.

전쟁 중 우연히 발견되고 훼손의 위기를 넘긴, 바닥에 박혀 있어 다른 곳으로 옮기기도 쉽지 않은 디오니소스 모자이크를 보존하고 전시하기 위해 모자이크 주변에 박물관을 짓자는 결정이 내려졌다. 박물관의 내부 뜰은 고대 별장의 배치를 따랐다. 서기 220년에서 230년 사이에 제작된 것으로 추정되는 모자이크 이외에도 이 박물관에는 서기 40년경의 포블리키우스Poblicius 고대 로마 군단의 매장소埋葬所가 재구축되어 있다. 로마와 중세의 보석뿐만 아니라 정교하고 화려하기까지 한 로마 유리그릇의 광범위한 컬렉션도 있다. 로마 시대에 생산된 유리 제품을 전 세계에서 가장 많이 소장하고 있는 곳이기도 하다. 그 외에도 로마 황제 아우구스투스와 그의 아내 드루실라L. Drusilla, 58 BC-29 AD의 초상화, 비문, 도자기, 건축 파편 등을 포함해 로마 시대 쾰른에서 쓰던 많은 일상생활 유물들이 전시되어 있다.[56]

로마게르만 박물관에 전시된 고대 로마 시대의 유리제품들

로마게르만 박물관의 전시공간

로마게르만 박물관은 유럽에서 가장 큰 규모에 속하는 대성당에 바짝 붙어 건설된 것도 특이하지만, '인류의 문화유산인 대성당 옆에서 어떤 모습을 하고 있어야 하는가?'라는 측면에서도 흥미롭다. 땅을 차지한 면적이 대성당의 절반 정도로 제법 규모가 있어 자칫 대성당의 위용을 저해할 수도 있었다. 당연히 대성당에 대들어서는 안 되며, 그렇다고 존재감이 없을 수도 없고, 없어서도 안 되니 건축가의 고민이 깊었을 것이다.

쾰른 대성당과 라인강 사이에서

쾰른 대성당의 뒤편에서 라인강과의 사이에 있는 루트비히 미술관은 팝아트, 추상, 초현실주의 등의 작품을 포함한 현대 미술품을 소장하고 있다. 유럽에서 가장 큰 피카소P. Picasso, 1881-1973 작품 중 하나를 소장하고 있으며, 워홀A. Warhol, 1928-1987과 리히텐슈타인

쾰른 대성당의 탑에서 뒤쪽의 라인강을 내려다본 전경

R. Lichtenstein, 1923-1997의 작품들도 다수 소장하고 있다. 세계의 중요 뮤지엄들에서 전시하고 있는 비디오 아티스트 백남준1932-2006의 작품을 이곳에서도 만나 반가웠다. 이 미술관이 처음 계획됐을 때는 그 이름이 독일 쾰른의 3대 미술관 중 하나인 발라프 리하르츠 박물관Wallraf-Richartz Museum과 루트비히 미술관, 두 가지로 보도되어 몇 년간 혼동됐었다. 완공된 이후에도 여러 매체에 나온 이름이 다르기도 했다. 나중에 사정을 확인해보니 다음과 같았다.

발라프는 1824년 쾰른시에 중세 예술 컬렉션을 기증한 사람이며, 리하르츠는 1861년 개관된 뮤지엄 건립을 위한 자금을 기부한 사람이다. 그 후 컬렉션은 계속 증가했다. 특히 독일 변호사이자 예술품 수집가인 하우브리히J. Haubrich, 1889-1961가 1914년에서 1939년 사이의 작품을 집중적으로 수집해 1946년에 기증한 것이 컸다. 1976년에는 루트비히 부부의 기증으로 전시품을 나누게 되

루트비히 미술관

어 발라프 리하르츠 박물관은 중세 시대부터 20세기 초반까지의 미술 작품을, 새로 건설할 루트비히 미술관은 20세기 작품 전시를 담당하게 됐다.[57]

초콜릿 업계의 큰손인 루트비히가 시가 4,500만 달러에 달하는 현대 미술품 350점을 기증함에 따라 쾰른시는 1900년 이후에 제작된 작품들을 위한 전용 루트비히 미술관을 짓기로 한 약속을 이행했다. 처음에는 새 건물에 루트비히 미술관뿐만 아니라 발라프 리하르츠 박물관도 함께 입주했다. 1994년에야 두 기관을 완전히 분리하기로 하고 발라프 리하르츠 박물관은 2001년 독일 건축가이자 사상가 웅거스O. M. Ungers, 1926-2007가 쾰른 시청사 근처에 설계한 새 건물로 이주해 나갔다. 지하에서는 연결되어 있지만 지상에서는 2개의 건물로 분리되어 있어, 두 뮤지엄이 하나씩 차지한 듯 보도됐으나 결국 하나의 뮤지엄이 됐다.

루트비히 미술관의 지하에는 쾰른 필하모닉Kölner Philharmonic도

루트비히 미술관과 라인강 사이에 위치한 하인리히뵐 플라츠

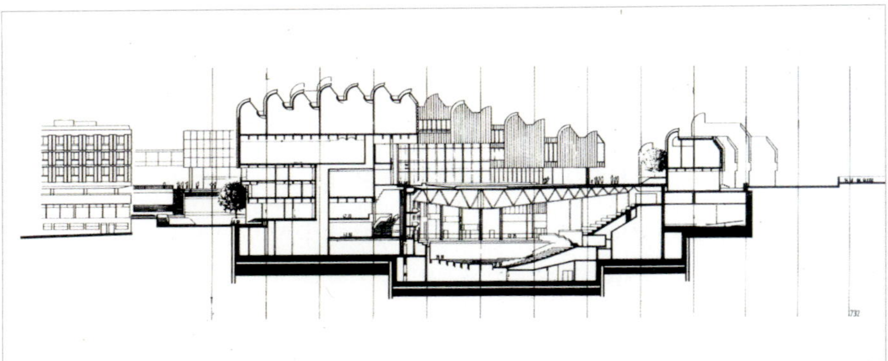

루트비히 미술관의 단면도. 박물관 볼륨의 절반이 지하로 내려갔다.

들어와 있다. 그 위에는 조각가 카라반D. Karavan, 1930-이 설계한 공공 광장인 하인리히뵐 플라츠Heinrich-Böll-Platz가 있다. 지하 공연장에서 콘서트가 진행되는 동안에는 광장에서의 통행이 금지된다. 아래 공연장에 음향 장애를 일으킬 수 있기 때문이다.[58] 이런 불편을 무릅쓰고도 덩치가 클 수밖에 없는 대규모 공연장을 광장 밑 지하로 밀어 넣은 이유가 있었다. 쾰른 대성당을 배려한 이 미술관을 흥미롭게 바라보는 이유이기도 하다.

크론보르성과 덴마크 M/S 해양박물관

덴마크 국민의 사랑

크론보르성의 항공사진

크론보르성은 덴마크와 스웨덴 사이에 있는 발트해에서 폭이 가장 좁아 4킬로미터밖에 되지 않는 외레순Øresund 해협에 있는 질랜드섬 Island of Zealand의 북동쪽 끝에 있다. 이 성은 해안요새로서 전략적으로 중요한 위치를 점했으며 16-18세기 북유럽 역사에서 핵심적인 역할을 했다. 덴마크 국민에게 커다란 상징적 가치를 지닌 이 성은 1574년에 건설이 시작됐다. 17세기 후반에는 새로운 군사건축 규범에 따라 방어력이 보강됐다.

크론보르성은 영국의 극작가이자 시인인 셰익스피어W. Shakespeare, 1564-1616가 쓴 비극 『햄릿*Hamlet*』[59]의 배경인 엘시노어Elsinore성으로,

바다에서 본 크론보르성

북유럽에서 가장 중요한 르네상스 성들 가운데 하나로 인정받아 2000년에 유네스코 세계유산에 등재됐다. 『덴마크 왕자 햄릿의 비극*The Tragedy of Hamlet, Prince of Denmark*』이라는 원제목을 줄여서 부르는 이름인 『햄릿』은 1599년에서 1601년 사이에 쓰인 셰익스피어의 비극이다. 덴마크를 배경으로 햄릿이 자신의 아버지를 죽이고 어머니와 결혼한 클라우디우스에게 복수하는 과정에서 일어나는 매우 슬프고 비참한 사건이다. 이 성 출입문의 상단에는 얕게 새겨진 셰익스피어의 초상이 있지만, 실제로 그가 이 성을 방문했는지는 알려지지 않았다. 햄릿 이름의 근원으로 추정되는 암렛 Amleth(끝 알파벳인 h가 맨 앞으로 와 햄릿이 됐다)은 아이슬란드어로 '어리석은 자'를 뜻하는 말에서 유래됐다고 하는데, 덴마크 전설에 등장하는 고뇌하는 왕자다.

이렇게 햄릿이 덴마크 왕자로 설정된 것은 셰익스피어가 스칸디나비아에 전해져 내려오는 유명한 영웅의 비극적인 이야기를 참고했기 때문으로 여겨진다. 셰익스피어의 다른 작품들인 『한여름 밤의 꿈*A Midsummer Night's Dream*』이 그리스 아테네를, 『로미오와 줄리엣*Romeo and Juliet*』이 이탈리아 베로나를, 『맥베스*Macbeth*』가 싸늘한 스코틀랜드의 코더성Cawdor Castle을 배경으로 하는 것처럼, 셰익스피어 희곡들은 내용에 어울리는 유럽의 도시들을 찾아 나섰다.

크론보르성에 전시된 햄릿 의상

크론보르성의 역사는 덴마크, 스웨덴,

크론보르성의 진입부

크론보르성 내부

크론보르성의 중정

크론보르성에서 바다를 향한 대포들

노르웨이 3국의 국가연합체로 1397년에 체결되어 1523년까지 유지된 칼마르 동맹Kalmarunionen을 통해 1420년대에 즉위한, 덴마크-노르웨이-스웨덴의 공동 군주였던 에리크 7세Eric VII, 1382-1459로 거슬러 올라간다. 그는 외레순 해안을 지나는 모든 선박에 통행료를 징수하기 위한 위협의 신호로 크로겐Krogen 요새를 건설했다. 외레순 해안의 맞은편에 있는 헬싱외르Helsingør는 케르난 요새fortress Kärnan와 함께 발트해 입구를 통제했다. 헬싱외르라는 지명은 좁은 해협을 뜻하는 'hals'라는 북유럽 지역의 언어에서 유래했다. 지금도 이 성에는 바다를 겨냥한 대포들이 진열되어 있다. 중세 영광의 시기에 덴마크는 스칸디나비아 전 지역은 물론이고, 영국 브리

튼 섬의 일부까지 지배한 강국이었다.

1574년부터 1585년까지 프리드리히 2세Frederick II, 1533-1588는 이 중세 시대의 요새를 북유럽에서 가장 웅장한, 여러 개의 탑과 열주, 조각들이 가득한 르네상스 성으로 신속하게 탈바꿈시키고 이름도 크로겐에서 크론보르로 바꿨다. 1629년 화재로 많은 부분이 훼손된 성을 크리스티안 4세Christian IV, 1577-1648가 재건했다. 1658년 크론보르성은 스웨덴인들에게 점령되어 다수의 귀중한 예술품들을 약탈당했다. 1785년 성은 왕실의 거주지 역할을 마치고 군대를 위한 막사로 개조됐다. 1923년에는 군대도 떠났고 이후 성은 철저한 개·보수 후에 일반에 공개됐다.[60] 제2차 세계대전 중에는 독일 점령군의 주둔지였지만 이곳 역시 그로 인한 큰 피해는 면했다.

산업용 대성당인 드라이독

1816년 셰익스피어 서거 200주년을 맞아 덴마크 병사들이 크론보르성에서 『햄릿』을 공연한 후 그 전통은 지금까지 이어지고 있다. 여기서 주목하는 덴마크 M/S 해양박물관은 원래 이름이 해양무역박물관the Trade and Maritime Museum으로, 1915년에 설립되어 크론보르성 안에 들어 있었다. 2013년 새 박물관이 성 인근에 건립되자 이전하면서 지금의 이름으로 바뀌었다. 소장품은 15세기부터 현재까지 덴마크의 무역과 운송에 관한 것들이다.

새로운 박물관이 들어선 곳은 크론보르성에 인접해, 한 세기 동안 선박과 기계로 붐비던 조선소였다. 현재 지표면 아래로 내려간 박물관의 중심부인 드라이독dry dock은 과거의 조선소가 남긴 유산이다. 그러나 최근까지 이 드라이독은 산업화 이후의 황폐해진 풍경 속에 방치되어 있었다. 사멸된 산업의 황량하고도 추하기까지 한 콘크리트 유물이었다.

크론보르성이 유네스코 세계유산이 되면서 성의 원래 모습으로 되돌리기 위해 성 안에 있던 박물관의 퇴거가 결정됐다. 그러면서 성과는 직선거리로 약 290미터 떨어져 있는 드라이독 안에 박물관의 프로그램을 수용한다는 결정도 내려졌다. 그러나 늘 비어 있어 드라이독으로 불리는 이름과 달리, 이곳은 오랜 시간 물이 가득 차 있는 위험하고 불결한 곳으로 심각한 지질학적 도전을 던져왔다. 드라이독의 기존 벽이 서 있도록 하려면 독 안에 새로운 보강용 독을 세워야 했다. 드라이독 자체는 선체 모양으로 길이가 130미터, 폭이 25미터인 웅장한 구조물이다. 과거의 유산이자 현장의 흔적인 이 산업용 대성당을 박물관 프로그램으로 익사시키거나 가짜 요새 아래에 묻어버린다면 유감스러웠을 것이다.

부두에서 본 크론보르성

드라이독을 이용해 지하에 건설 중인 덴마크 M/S 해양박물관

2004년, 박물관 이사회는 드라이독 안에 박물관을 짓는 건축공모전을 위해 네 곳의 주요 해운회사들로부터 지원을 받았다. 그 후 11개

의 다른 재단들도 이 프로젝트를 완성하기 위해 아낌없는 지원을 보내왔다. 공모전의 설계 지침에는 몇 가지 딜레마가 담겨 있었다. 먼저, 새 뮤지엄은 크론보르성을 향한 전망을 가리지 않기 위해 지상으로 돌출될 수 없었다. 그러면서도 새 뮤지엄의 매력을 극대화하기 위해 독 위에 일종의 상징적인 지붕 구조물이 있기를 기대했다. 또한, 박물관 프로그램이 원하는 연면적이 드라이독 면적의 두 배에 가까웠다. 8미터 깊이의 드라이독에 두 개 층의 뮤지엄을 빽빽하게 집어넣으라는 것인데, 그 경우 뮤지엄의 아래층은 외부를 전망할 수 없는 밀실공포증이 느껴지는 밀폐된 지하실이 될 터였다. 채광이나 환기의 문제도 피할 수 없다. 그러나 건축법은 모든 작업 공간에 일광과 시야를 확보할 것을 요구했다. 따라서 상주하는 직원들은 뮤지엄과 떨어져 있는 다른 건물에 입주해야 했다.[61] 애초의 의도처럼 드라이독 안을 건축 프로그램으로 채워서는 해결할 수 없는 모순적인 요구는 건축가의 창의적인 발상을 필요로 했다. 건축에서 어려운 조건은 잘만 대응하면 오히려 그 건물의 남다른 특징이 될 수 있음을 보여주는 뮤지엄이 또 하나 탄생한 계기였다.

님의 현존하는 고대문명과 카레 다르

고대 이후 현재까지 문명의 연속성

메리다와 마찬가지로 로마 제국의 초대 황제 아우구스투스가

터전을 잡은 고대 로마의 식민도시 님에는 원형경기장, 메종 카레 Maison Carrée(직역하면 '사각형의 집')라고 불리는 신전, 사람이 처음 정주했던 곳으로 여겨지는 샘터 성소Sanctuaire de la Fontaine, 성문들과 마뉴 탑Tour Magne을 포함한 성벽 등 고대 로마의 기념물과 건축물들이 모여 있다. 또한, 님에는 유네스코 세계유산으로 지정된 퐁뒤가르 Pont du Gard로 잘 알려진 님 인근의 고대 로마 수도교를 통해 공급된 물을 분배하기 위해 모으는 곳인 카스텔룸 아쿠아Castellum aquae가 있다.

님은 서기 1세기의 로마 문명을 증언하는 것 이상의 중요성을 지닌 도시다. 님의 고대 기념물들과 건축물들은 중세 도시공간과 건축에 큰 영향을 미쳤는데, 18-19세기 계몽주의 시대에 특히 그랬다. 고대 예술과 그 장식에 영감을 받은 12세기의 대성당, 16-17세기의 대저택, 19세기 공공건물들, 1500년대 중반의 샘터 정원Jardin de la Fontaine과 새로운 대로의 신설, 원형투기장의 발굴, 메

님 구시가지 전경

님의 고대 로마 원형경기장

메종 카레와 카레 다르

님 인근의 고대 로마 수도교를 통해 공급된 물을 분배하기 위해 모으는 곳인 카스텔룸 아쿠아

종 카레 주변 집들과 광장 건설 같은 기념물 주변의 도시 공간 조성 등, 님은 고대라는 과거와의 관련하에 끊임없이 적절한 근대성을 획득하는 독특성을 보였다. 현대의 도시계획과 건축도 로마 세계의 이 경이로운 유산들과 대화를 나누고 있다.

이렇게 님의 고대유적들은 그 밀도와 일관성, 보존 상태에서 이례적이다. 성문들과 마뉴 탑이 있는 성벽과 메종 카레, 황제의 제단은 로마 세계에서 가장 잘 보존된 것들이다. 수많은 주거 유적

16세기 중반에 조성된 님의 샘터 정원

이나 모자이크 예술작품 등을 제외하고도 원형경기장과 샘터 성소, 아우구스투스 황제 숭배를 위한 제단인 아우구스테움Augusteum은 이런 종류의 성소로 보존된 서구의 유일한 사례다. 로마의 유적지보다 더 나은 보존 상태여서 2천 년의 시차가 그리 오래되지 않은 과거처럼 느껴진다. 이렇게 님은 서구에서 고대 도시문명의 가장 완벽한 증언 중 하나로서 후대 도시계획과 건축에 미친 지속적인 영향을 증언한다. 적어도 12세기부터 19세기까지는 고대의 구조물들에서 빌려온 양식적이고 장식적인 요소들이 활용되는 영속성도 보인다.[62]

12세기에 건설된 님 대성당

이 가운데 바로 옆에 우리의 관심 대상인 카레 다르가 신축된 메종 카레는 남아 있는 고대 로마 신전 중 현대 건축가들에게 특

님의 마뉴 탑

로마 황제와 그의 가족의 숭배에 바쳐진 성역인 님의 아우구스테움

별히 친근하다. 그 이유는 예수회 사제이자 신고전주의의 가장 중요한 건축이론가인 로지에Marc-Antoine Laugier, 1713-1769가 건축계에선 널리 알려진, 건축의 기원과 그 실천을 탐구하는 개념으로서 최초의 건축인 원시 오두막The Primitive Hut을 고대의 기념비적인 건물인 메종 카레와 비교했기 때문이다. 원시 오두막은 기둥, 지붕 또는 앞서 설명됐던, 기둥 위에 걸쳐 놓은 수평 부분을 말하는 엔태블러처와 양단부에 삼각형 박공이 있는 뾰족지붕이라는 구성의 필수적 부분이 알맞게 배치·형성되면 아무것도 덧붙일 필요가 없는 완벽한

작품이다. 로지에는 30개의 기둥이 엔태블러처를 지지하고 박공에 의해 양쪽 끝이 닫힌 지붕이 전부인 직사각형 메종 카레의 모든 것이 원시 오두막이 보여주는 건축의 진정한 원리와 일치하므로 그 단순함과 고귀함의 조합이 모든 사람을 감동시킨다고 말했다.[63]

메종 카레의 근원으로 여겨진 원시 오두막

이렇게 시간의 격차를 넘어 현재까지 이어온 님의 면모 덕분에 현재의 고대문명l'Antiquité au Présent이라는 독특한 표현으로 2012년에 유네스코 세계유산 잠정목록에 올라갈 수 있었다. 메종 카레와 이웃한 카레 다르가 바로 이런 취지에 정확하게 들어맞는 현대 건축물임을 확인할 수 있을 것이다.

2천 년의 시차를 잇다

프랑스 남부의 도시 님에 있는 카레 다르에는 현대미술관과 시립도서관이 입주해 있다. 대부분의 프랑스 도시에는 미디어테크가 있다. 미디어테크는 음악, 비디오, 영화뿐 아니라 잡지와 책도 수용한다. 그러나 그림이나 조각을 위한 갤러리를 포함하는 경우는 흔치 않다. 파리에 있는 퐁피두센터처럼 카레 다르는 현대미술관과 멀티미디어 도서관을 모두 갖추고 있어 지역 주민들과 더 먼 곳에서 온 방문객들을 불러 모은다. 하나의 건물 안에 시각예술과

카레 다르의 외관

카레 다르 내에 있는 미디어데크

정보기술의 세계라는 두 문화가 상호작용해 더 풍부한 전체성을 약속한다. 시장으로 선출된 부스케J. Bousque, 1932-가 이 새로운 기관을 설립해 님을 문화 중심지로 만들겠다는 자신의 계획을 확인한 때가 1983년이었다.

10년 후인 1993년에 개관한 카레 다르는 1980년대에 프랑스에서 시행된 문화 분산 정책의 성과물 중 하나였다. 서쪽으로는 식민지의 상품을 들여와 저장하던 창고를 개조한 보르도의 현대미술관CAPC(Musée d'Art Contemporain de Bordeaux, J. Pistre, 1979-1990)과 1825년에 세워진 도살장을 근현대미술관으로 바꾼 툴루즈의 도살장Abattoirs de Toulouse, A. Stinco et R. Papillault, 1995-2000, 동쪽으로는 마르세유 현대미술관MAC(Musée d'Art Contemporain de Marseille, -1994)과 니스의 근현대미술관MAMAC(Musée d'art moderne et d'art contemporain, Y. Bayard & H. Vidal, Nice, 1987-1990) 사이에 있다. 또한, 조금 멀기는 하지만 바르셀로나 현대미술관MACBA(Museu d'Art Contemporani de Barcelona, R. Meier, 1987-1995)과 함께 카레 다르는 지중해 지역에 현대미술을 홍보하고 보급하기 위해 수년간 풍부해진 네트워크의 또 다른 연결고리다.[64]

카레 다르가 건설된 곳은 고전 양식의 극장이 있던 곳으로, 1958년에 발생한 화재로 극장이 소실된 후 빈터로 남아 있었다. 1984년에 프랭크 게리, 장 누벨, 시저 펠리Cesar Pelli, 1926-2019 등 국제적으로 저명한 열두 명의 건축가들이 제안서를 제출하도록 초대받았다. 그중 영국 건축가 노먼 포스터Norman Foster, 1935-의 디자인이 선정됐고, 1993년 5월에 개관했다. 이 건물은 메종 카레가 서 있는 광장을 새롭게 단장하고 이 고대 사원을 위한 새로운 환경을 제공하기 위한 프로젝트의 하나로 기획됐다.[65] 포스터는 카레 다르가 들어설 부지만이 아닌 작은 광장 건너편에 있는 메종 카레까지 합쳐 자신이 숙고해야 할 대지로 여겼다. 프랑스 언어인 카레Carré는 우리말로 정사각형 또는 네모진 것이라는 뜻인데, 카레 다르도 2천 년 전의 유산인 메종 카레와 가까워지기 위해 지은 이름이다.

2장

신축 뮤지엄, 유네스코 세계유산과의 조화 추구와 정체성 찾기

유네스코 세계유산을 배려한 신축 뮤지엄의 제안

지금까지 가까이에 신축 뮤지엄이 들어선 유럽의 유네스코 세계유산이 무엇인지, 그곳에 어떤 뮤지엄이 왜 건립됐는지를 알아봤다. 이제는, 가까이하기에 너무 먼 당신이라는 노랫말이 있듯이, 가까워져야 하는데 굉장히 부담스러운 그분을 맞은 이 뮤지엄들이 어떻게 세계유산을 배려하고 있는지 주목해보자.

'세계유산협약 이행을 위한 운영지침' 96항과 97항은 대체 불가능한, 인류 전체에 소중한 자산인 유네스코 세계유산의 보호와 관리는 등재 당시의 완전성 또는 진정성의 조건을 포함해 유산의 탁월한 보편적 가치를 지속하거나 점차 향상하도록 해야 한다고 명시한다. 또한, 유산의 전반적인 보전상태, 즉 유산의 탁월한 보편적 가치는 운영지침에 명시된 세계유산 모니터링 과정의 틀 안에서 정기적인 점검이 이뤄져야 한다고 보았다. 이러한 보호를 위해 세계유산으로 지정할 때 적절히 설정한 경계가 포함돼야 한다. 유산의 적절한 보호를 위해 유산구역의 경계뿐 아니라 필요한 곳이라면 어디든 적정한 완충구역을 설정하는 것도 권유한다. 이렇게 세계유산 목록에 등재된 모든 유산은 보호를 위한 적절한 장기적인 법률, 규제, 제도 또는 전통적인 보호와 관리체계를 갖춰야 한다. 세계유산을 신청할 때부터 당사국은 이와 같은 보호 조치가 유산의 보호를 위해 어떻게 운영되는지 명확히 설명하는 적절한 문서를 첨부해야 한다.

'세계유산협약 이행을 위한 운영지침' 110항은 효과적인 관리체계가 신청유산의 유형, 특징과 요구, 그리고 문화적·자연적 맥락에 따라 달라짐을 명시한다. 실제로 관리체계는 다양한 문화적 관점과 가용자원, 그 밖의 요소에 따라 달라질 수밖에 없다. 관리체계는 전통적인 관행과 기존의 도시 또는 지역 계획, 공식적·비공식적 계획 조절 메커니즘을 포함할 수 있는데, 모든 세계유산에 대해 계획 중인 개입에 대한 영향 평가가 반드시 있어야 한다.

세계유산 가까이에 건물을 신축하려면 특정지역에 보편적으로 적용되는 건축법규를 지키는 것은 기본이다. 거기에 세계유산의 보호와 관리 지침에서 요구하는 제약을 성공적으로 통과해야 신축할 수 있다. 이 책에 나오는 몇몇 사례들처럼 문화재가 유네스코 세계유산으로 지정되기 전에 새 건물이 가까이 건립될 때도 이미 그 이전에 지정되어 있던, 까다롭게 얽혀 있는 지방 또는 국가 문화재보호법을 준수해야 함은 물론이다. 따라서 물리적 맥락뿐 아니라 역사와 문화적 맥락에도 적응하려는 노력을 일반적인 조건에서보다 훨씬 더 많이 기울여야 한다. 유럽의 유네스코 세계유산 인근에 신축된 뮤지엄들에 나타난 세계유산 배려 방안을 살펴본 결과 포착한 네 가지 방향을 하나씩 확인해보도록 하자.

겸양謙讓, 자신을 낮춤으로 존중하기

먼저, 새 건물이 가까이 있는 세계유산에 끼치는 영향을 최소화하기 위해 가능한 한 자신의 모습을 눈에 덜 띄게 하려는 시도가 있다. 자신의 대부분 또는 일부를 땅속에 숨겨 자신을 덜 드러냄으로써 존재감을 약화해 이웃한 문화재를 돋보이게 하는 것이다. 사람이 머무는 건물이 땅 밑으로 내려가면 채광과 환기, 조망에 불리해진다. 깊이 내려갈수록 전체 공사비에 큰 영향을 미치는 터파기 공사비가 증가하고 방수와 방습에도 더 유의해야 한다. 하지만 뮤지엄 건축은 다른 유형의 건물과 비교해 지하화하기 더 쉬운 측면이 있다.

뮤지엄은 전시품을 관람하는 곳이어서 내부에서 외부로의 조망 필요성이 상대적으로 작다. 벽면에 창문이 없어도 채광은 천창으로 유입되는 자연광이나 인공조명으로, 환기는 각종 설비를 통해 해결할 수 있다. 반면에, 불특정 방문객의 입장 수치가 뮤지엄의 성패를 가늠하는 잣대여서 가능한 한 자신을 덜 보이게 하려는 시도는 섣불리 할 수 없다. 주거용 건물의 주민, 학교 건물의 교사와 학생, 오피스 빌딩의 근무자들처럼 건물의 사용자는 흔히 특정된다. 하지만 불특정 다수가 가끔 들르는 뮤지엄이 지하로 몸을 낮추면 낯선 관람객의 방문 욕구를 유발해 안으로 이끌기에 불리해진다. 물론 그럴 만한 이유가 수긍되는 뮤지엄들이 있다. 유네스코 세계유산 급의 절대 존중해야 할 대상이 가까이 있을 때가 그중 하나다. 이때도 지하로 내려감으로써 발생할 수 있는 모든 문제점에 완벽하게 대응하는 것을 전제로 한다.

전체를 지하에 묻은 뮤지엄

다시 한번 말하지만, 새로 짓는 공적인 건물을 땅속에 집어넣어 눈에 띄지 않게 하는 경우는 흔치 않다. 여기에 해당하는 독특한 사례로 퐁피두센터의 측면 지하에 건물 대부분이 묻힌 음향/음악 연구소IRCAM(Institut de Recherche et Coordination Acoustique/Musique)가 먼저 떠오른다. 이 연구소는 뮤지엄은 아니지만, 현대 뮤지엄이 입주해 있는 퐁피두센터와 지하에서 연결된 건물로서 퐁피두센터의 면모에 영향을 미칠 수 있었다. 이 건물은 1970년 퐁피두 대통령이 프랑스 작곡가이자 지휘자, 음악 이론가인 불레P. Boulez, 1925-2016에게 음악과 소리, 전위적인 전자음악을 위한 연구소 건립을 지시하면서 시작됐다. 1973년 지금의 스트라빈스키 분수La Fontaine Stravinsky가 있는 공터 아래에 동일한 두 건축가가 설계한 퐁피두센터와 지하에서 연결된 35,000제곱미터 연면적의 지하 연구소 건물이 완공됐다. 이 연구소는 퐁피두센터와 함께 1977년에 개관됐다.

퐁피두센터의 측면에 위치한 스트라빈스키 분수. 이 분수의 지하에 IRCAM 음향/음악연구소가 있다. 좌측에는 이후 추가 건설된 피아노 탑과 리노베이션 후 연구소로 편입된 절페리와 뱅두슈 건물이 보인다.

이 건물이 지면 아래로 내려간 것은 소리와 관련된 연구소로서 내·외부 간의 상호 차음遮音, 소리의 전달을 막는다는 이점과 함께 도시적인 이유가 크다. 먼저 러시아 작곡가 이름을 딴 이고르-스트라빈스키 광장Place Igor-Stravinsky을 건물로 채우지 않고 비움으로써 퐁피두센터 측면뿐 아니라 이 공터 너머에 있는 고딕 양식의 생메리 성당Église Saint-Merry, 1500-1550의 측면도 가리지 않게 됐다. 이 성당은 '화염火焰 양식style flamboyant'이라고 불리는 16세기 프랑스 고딕의 전형을 보여주는 문화재다. 빈터가 건물로 채워졌다면 이 성당은 파리 시청사와 노트르담 대성당이 있는 시테섬 쪽에서 퐁피두센터로 향하는 많은 이의 시선에서 감춰졌을 것이다.

1978년 파리시는 시내의 일곱 광장에 조각이 있는 현대 분수를 설치하기로 했다. 3년 후인 1981년 당시 파리 시장이었던 시라크는 IRCAM의 상부에 장 팅겔리Jean Tinguely, 1925-1991와 그의 아내 니키 드 생팔Niki de Saint Phalle, 1930-2002의 조각 작품이 담긴 분수 설치를 공표했다. 이 부부 조각가는 광장의 이름인 스트라빈스키의 음악이 주는 영감을 따라 제작한 16개의 움직이는 조각물을 설치했다. 여기서 검은색 작품은 팅겔리 것이고 다색채 작품은 생팔의 것이다.[1] 580제곱미터 넓이의 이 분수는 또 하나의 파리 명물이 됐다. 하지만 매년 그곳을 찾는, 파리 시민보다 훨씬 많은 관광객 중 그 아래에 프랑스 현대 음악을 주도하는 연구소가 있다는 사실을 아는 이는 드물다. 이후 퐁피두센터 외부에 별도 출입구의 필요성이 생겨 원래 건물의 건축가인 렌조 피아노가 1990년

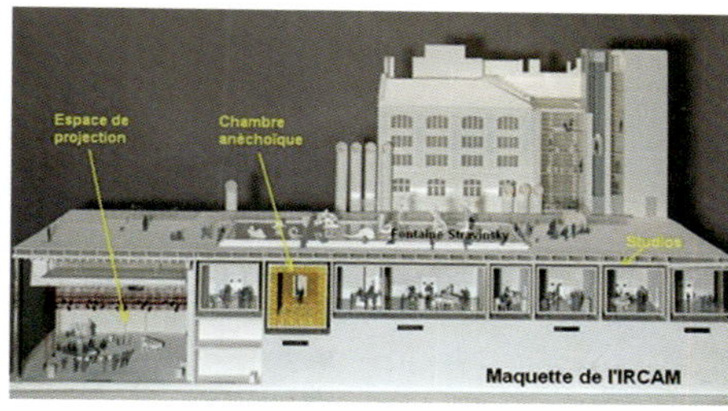

IRCAM의 단면을 보여주는 모형

스트라빈스키 광장에서 본 생메리 성당의 측면

에 자신의 이름이 붙은 피아노 탑Tour Piano을 추가했다. 1996년에는 확장 필요성에 대응해 바로 옆에 있던 쥘페리와 뱅두슈 건물Bâtiments Jules-Ferry et Bains-Douches이 리노베이션을 통해 연구소에 편입됐다.

이렇게 음향/음악연구소를 낮추고 그 위에 마련한, 물을 뿌리며 움직이는 조각 전시장이 현대미술관이 입주해 있는 퐁피두센터를 돋보이게 한다. 퐁피두센터가 정유공장 같아 보인다고 지금도 싫어하는 적잖은 노령의 파리지앵들도 이 조각분수는 좋아한다. 퐁피두센터는 개관 후 오랜 기간 파리에서 관광객 방문 수 1위를 차지했다. 시청과 가까운 파리의 구도심에 퐁피두센터 같은 건물을 지을 발상을 할 수 있었던 계기에 대해서는 뒤에서 다시 이야기할 것이다. 어쨌든 탁월한 현대 미술품을 지녔을 뿐 아니라 고상함이라는 뮤지엄 건축의 오랜 고정관념을 깨뜨림으로써 주목을 받은 것은 분명하다. 오늘날 많은 현대 뮤지엄 건축들이 관심을 끌고자 남다른 특이성을 찾는다. 현대 건축의 다면성을 건축 전선의 맨 앞줄에서 선도하는 건축의 실험장으로 불리는 건축 유형이기에 갖가지 시도들은 넉넉히 용납된다.

제2차 세계대전 강제이송 희생자 기념관의 프로그램 반영

이런 현대 뮤지엄의 경향에서 비록 그 수가 많지는 않지만, 전체를 지하로 내려 외부로의 노출을 최소화하는 뮤지엄들이 있다. 파리 노트르담 대성당 뒤편 공원 끝자락에서 센강에 접한 작은 삼각형 공원 모서리에 숨은, 제2차 세계대전 때 프랑스에서 강제수용소로 끌려가 희생된 20만 명을 추모하는 제2차 세계대전 강제

파리 노트르담 대성당의 뒤편에서 지하로 내려가 센강의 제방처럼 보이는 제2차 세계대전 강제이송 희생자 기념관

이송 희생자 기념관이 그중 하나다. 대성당 뒤편에 있는 요한 23세[2] 소공원Square John XXIII과는 차량 통행량이 많지 않은 편도 2차선 도로인 대주교의 강둑Quai de la l'Archevêché으로 이격된 삼각형의 공원은 크기는 작지만 우리나라로 치면 서울을 둘러싼 경기도에 해당하는, 파리를 둘러싼 넓은 행정구역의 명칭을 따서 일드프랑스 소공원Square de l'Île-de-France으로 불린다.

대성당과 이 기념관의 거리는 불과 135미터로, 둘 사이에는 요한 23세 소공원에 심은 나무들과 성처녀聖處女 분수Fontaine de la Vierge 외에는 아무런 인공 돌출물이 없다. 대성당의 화재 후 보수공사 기간에는 폐쇄됐지만, 평소 이곳 공원은 관광객들로 늘 북적였다. 기념관으로 발걸음을 쉽게 유도할 수 있는 조건임에도, 지하로 내

파리 노트르담 대성당의 뒤편에 있는 요한 23세 광장은 광장이라기보다는 공원에 가깝다.

려간 이 기념관은 눈에 잘 띄지 않아 그 존재를 알고 방문하는 이는 적다. 팽귀송이라는 뛰어난 근대 건축가의 작품이라는 사실 때문에 추모하러 가는 일반 시민이나 관광객보다 건물을 보러 찾아가는 건축인들이 더 많지 않나 싶을 정도다.

공원 쪽에서 봤을 때 난간 높이의 낮고 무심한 콘크리트 덩어리만 편평한 바위처럼 있어, 그곳에 기념관이 있음을 알고 갔음에도 처음 찾는 사람들은 제대로 간 것인지 잠시 망설이게 된다. 기념관 이름도 그 표면에 음각되어 눈에 잘 띄지 않는다. 잘 찾았다는 안도감과 함께 발을 내딛는, 기념관으로 내려가는 계단과 이후 기념관 반대편에 있는 올라오는 계단은 한 사람씩만 오르내릴 수 있도록 폭이 좁다. 개별적 죽음을 상징하는 것이다. 절망 속에 희

제2차 세계대전 강제이송 희생자 기념관으로 내려가는 좁은 외부계단. 감방의 창문 같은 개구부를 통해 센강의 수면이 보인다.

지하에 묻혀 있는 제2차 세계대전 강제이송 희생자 기념관으로 가는 진출입로

생된 이들을 환기하면서 분주한 위쪽과 떨어져 분리된 느낌이 분명히 든다. 다수의 떠들썩한 방문이 아닌 침묵의 추모를 택한, 지하납골당을 연상시키는 이 기념관은 노트르담 대성당의 존재감에 어떠한 영향도 미치지 않는다. 제2차 세계대전의 영웅인 드골Ch. de Gaulle, 1890-1970 대통령이 직접 참석해 개관식을 주도했을 만큼 의미 있는 곳임에도 일체의 조형적 표현은 자제됐다. 뒤에서 다시 살펴보겠지만 이 기념관의 존재 이유인 프로그램과 공간성의 합치가 이런 제안을 가능케 했다.

덴마크 M/S 해양박물관의 설계지침 대응

앞서 소개한 바와 같이 셰익스피어의 소설 『햄릿』에 나오는 엘시노어성으로 햄릿성이라고도 불리는 크론보르성 내부에 있다가 오랜 기간 방치된 채 물이 차 있던 인근의 드라이독 위치로 옮겨온 덴마크 M/S 해양박물관도 전체 볼륨이 지하로 내려갔다. 이 제안은 제2차 세계대전 강제이송 희생자 기념관에서 건축가가 프로그램의 의미를 살려 자발적으로 몸을 낮춘 것과는 달리, 290미터 거리에 있는 유네스코 세계유산인 크론보르성을 가리지 않기 위해 설계지침에서 드라이독을 활용한 지하 뮤지엄이 돼야 한다고 요구했기 때문이었음을 앞서 확인했다.

잔디밭인 지상에는 이곳이 박물관임을 알리는 팻말조차 없이 지하인 뮤지엄 마당으로의 추락을 방지하기 위한 유리 난간만 있어 박물관의 존재는 확실히 감춰졌다. 이 난간에 접근하면 박물관의 누워 있는 파사드인, 넓이가 약 3,000제곱미터에 이르는 배 모양의 푹 파인 공간에 직면한다. 이 해양박물관은 어떤 기념물이라기보다는 사람이 지나다니는 곳 아래에서 여전히 발굴 중인, 사람이 살았던 고고학 유적처럼 보인다. 크론보르성 진입부를 향해 드라이독을 가로지르는 다리, 드라이독을 두 번 가로지르며 중간에서 꺾여 지하 1층 높이에 있는 뮤지엄의 주출입구로 이끄는 경사로, 지상에서 뮤지엄의 지하 2층 바닥 높이인 중정의 바닥으로 곧바로 내려가는 두 계단이 드라이독의 빈 곳을 3차원적으로 관통한다. 지상과 지하의 다른 레벨들을 연결해주는 이 인상적인 동선 체계는 새 뮤지엄이 크론보르성을 향한 전망을 가리지 않도록 지상으로 돌출되는 것을 금지하면서도, 새 뮤지엄의 매력을 극대화

덴마크 M/S 해양박물관과 크론보르성

덴마크 M/S 해양박물관의 중정이 된 드라이독에 있는 통행체계

하기 위해 독 위에 일종의 상징적인 지붕 구조물이 있기를 기대하는 모순적인 설계지침에 색다른 방안으로 호응한다.

유네스코 세계유산으로의 조망을 위해 오래 방치됐던 드라이독을 활용하고자 했던 설계지침은 신선했다. 이 지침의 요구와 함께 역시 앞서 언급한 것처럼 비워진 드라이독의 넓이에 비해 너무 많은 면적을 요구한 박물관 프로그램을 해결하기 위한 건축가의 창의적인 제안은 신의 한 수처럼 이 박물관을 땅 위에 솟은 어떤 뮤지엄 못지않은 성공을 거두게 했다. 게다가 산업 유적을 새롭게 활용함으로써 바다와 관련된 도시의 유산인 버려졌던 콘크리트 구조물이 구제됐고, 그 자체가 지역의 역사를 보여주는 새로운 용도가 부여됐다.

절반을 지하에 묻은 배려

이 두 뮤지엄처럼 건물 전체가 지하로 내려가지는 않았지만, 루트비히 미술관과 카레 다르는 근접한 문화유산을 위해 건물 높이의 절반을 지하로 내렸다. 도심에 뮤지엄을 신축하는 기회에 주변의 주차난을 완화하고자 몇 개 층의 지하주차장을 뮤지엄 아래에 계획해 단면상 건물이 낮춰진 것처럼 보이는 경우[3]와 달리, 지하주차장이 없음에도 뮤지엄을 절반 깊이로 가라앉히는 사례는 드물다. 전체 공사비의 상당부분을 차지하는 토목공사비의 부담이 커질 뿐 아니라 사람이 머무는 공간이 땅속 깊이 내려감으로써 발생하는 환경적·기술적 문제가 적지 않기 때문에 그 이유를 확인해보지 않을 수 없다.

루트비히 미술관의 쾰른 대성당 가림 최소화

루트비히 미술관은 쾰른 대성당의 남동쪽 뒤편과 라인강 사이를 재개발한 곳에 들어섰다. 애초 이 미술관에는 루트비히 미술관뿐 아니라 발라프 리하르츠 박물관이 함께 입주했었음을 앞에서 살펴봤다. 또한, 2,000석의 대규모 콘서트홀이 프로그램에 포함되는 등 대지 면적과 비교해 지어야 할 연면적이 넓었고 겉으로 드러나는 볼륨 또한 클 수밖에 없었다. 그럼에도 강 건너편 도시에서 봤을 때 이 신축 미술관이 쾰른 대성당을 가능한 한 적게 가리려는 의도가 역력하다.

바닥 면적이 쾰른 대성당과 비슷한, 새로 지을 뮤지엄의 큰 덩치를 그대로 지상에 노출시키면 37미터밖에 떨어지지 않은 쾰른

루트비히 미술관의 벌어진 틈 사이에서 솟아오르는 쾰른 대성당

대성당의 뒷모습 상당 부분이 가려지게 된다. 쾰른의 최고 스타인 쾰른 대성당의 위용에 심한 손상을 끼치는 이런 패륜적인 결과는 피해야 했다. 새 미술관이 완공된 후 10년이 지난 1996년에 쾰른 대성당이 유네스코 세계유산의 지위를 얻었지만, 등재 시기를 떠나 대성당은 이미 쾰른을 넘어 독일이 자랑하는 문화재였다. 오늘날 완공된 뮤지엄을 보면 당시 공모전에 참가했던 명성 높은 웅거스나 스털링J. Stirling, 1926-1992 같은 건축가가 아닌, 상대적으로 덜 알려진 부스만의 안이 당선된 이유를 알 수 있다. 우리가 눈여겨보는, 대성당을 위한 적극적 배려 덕분이었다.

이 미술관의 대지는 서쪽은 쾰른 대성당으로, 동쪽은 라인강으로, 북쪽은 호엔촐레른 다리Hohenzollern Bridge를 통해 라인강을 넘나

루트비히 미술관의 주변 전경

드는 철로와 철도역으로, 남쪽은 기존 건물들로 규정된다. 대성당의 뒤편에서, 시간을 초월해 변함없이 흐르는 큰 강을 끼고 한쪽은 근대화의 산물인 철도역으로 한정된 대지였다. 현대 건물이면서도 기존의 역사 유적과 어떠한 관계를 맺을 것인가가 가장 중요한 설계 과제를 앞에 두고 건축가는 그 규모로 인해 대성당을 가릴 것이 뻔한 콘서트홀을 지하로 내리는 결단을 내렸다.

뮤지엄처럼 콘서트홀도 안에서 밖으로의 전망 확보가 핵심적인 요구사항이 아닌 것이 이런 발상을 도왔을 것이다. 그 결과 지상에서 미술관의 돌출 규모가 대폭 줄어들고, 대성당의 광장을 연장해 새로 조성한 강변 데크 위에 세워진 이 미술관의 볼륨을 중앙부가 비워진 V자형으로 벌릴 수 있었다. 두 볼륨 사이를 대성당

강 건너편과 쾰른 대성당을 잇는 호엔촐레른 다리를 오가는 관광객들

광장과 강변 데크를 잇는 외부 통행로로 제공하고 미술관은 그 지하에서 연결된다. 이 통과로는 라인강을 건너는 철로에 붙어 있어 다수의 시민과 관광객이 이용하는, 사람이 도보로 건널 수 있는 다리로 연결되어 강 건너로부터의 전망을 확보하고 미술관과 대성당으로의 접근을 쉽게 한다. 대성당은 이렇게 갈라진 미술관의 볼륨 사이에서 하늘로 치솟아 오른다.

카레 다르의 이웃과 높이 맞추기

카레 다르도 요구되는 면적을 모두 수용할 경우 정면 앞에 있는, 2천 년 전부터 그 자리를 지켜온 고대 로마 신전인 메종 카레와 주변의 전통 주거건물들보다 두 배 이상 높게 치솟아야 했다.

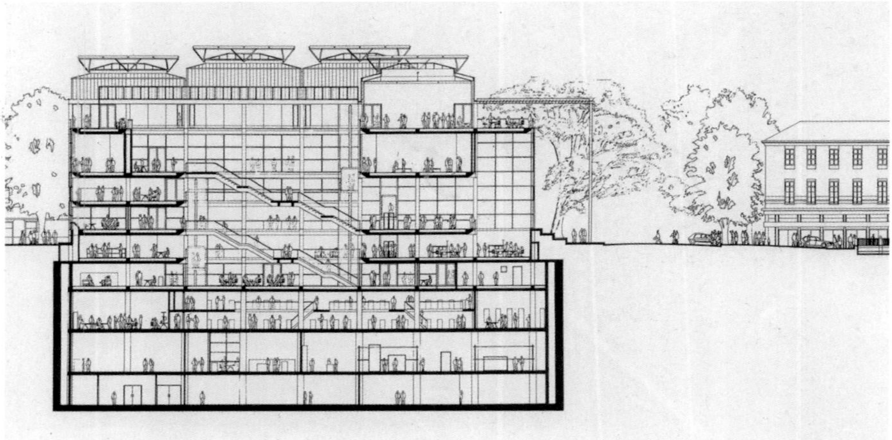

카레 다르의 단면도

카레 다르의 중앙계단

건축가 포스터는 일정 높이를 지키고 있는 고풍스러운 주변 분위기를 깨뜨리는 이런 상황을 피하고 싶었다. 결국, 카레 다르는 지하주차장이 없는 건물임에도 9층 구조인 건물 높이의 절반에 해당하는 5개 층이 지면 아래로 내려갔다. 땅속 깊이 박힘으로써 불리해지는 내부의 거주 환경 개선이 절실했다. 건물 최상층부터 도서관이 자리 잡은 지하 2층까지의 중심부를 비워 천창에서 떨어지는 풍부한 자연광으로 채워진 중앙 아트리움을 발상한 이유다.

이 아트리움은 카레 다르의 주변을 에워싼 남부 유럽 전통주거의 중정 양식을 카레 다르에 도입해, 이웃과 닮아가면서 지하로 깊이 내려간 주요 공간에 자연광을 들일 수 있게 했다. 중앙 아트

레지 저택Hôtel de Régie에서 볼 수 있는 님의 전통 중정 모습

카레 다르 지하 2층까지 유입되는 자연광

리움은 1층에서 상부로 올라가는 큰 계단으로 꽉 채워져 있다. 마치 지난 시대 궁궐에 있는 위풍당당한 명예의 계단escalier d'honneur을 연상시키지만, 계단의 디딤판 전체가 빛을 통과시키는 녹색 강화유리여서 아래로의 빛 유입은 방해받지 않는다. 지하 3층 이하의 층에는 자연광이 없어도 인공조명이 있고 기계를 이용한 환기가 잘되면 괜찮은 영화관과 창고가 자리 잡았다.

이렇게 카레 다르는 절반이 땅속으로 내려갔지만, 지하에 있음으로 인한 사용상의 불리함이 거의 느껴지지 않도록 배려됐다. 건물이 낮춰짐으로써 주변 환경에 동화되어 조화로움을 추구하는 것은 뒤에서 다시 살펴보기로 하자.

국립 알타미라 뮤지엄 및 연구센터의 알타미라 동굴 배려

국립 알타미라 뮤지엄 및 연구센터는 세계유산인 알타미라 동굴 인근에서 기존의 경사 지형을 따라 낮게 깔려 가능한 한 자신을 덜 드러내려고 애쓴다. 이 뮤지엄은 방문자들이 내뿜는 이산화탄소로 훼손되어가던 동굴벽화를 보호하기 위해 폐쇄된 알타미라 동굴을 대신해 원형에 가까운 복제품들을 보여주는 용도로, 동굴 입구에서 156미터 떨어져 세워졌다. 비록 대중의 방문은 금지됐지만 주인공은 여전히 천연 동굴이므로, 신축 뮤지엄은 자신의 모습을 부각하지 않기 위해 자연스럽게 경사지 아래로 스며들었다.

경사지 기울기를 따른 계단식 지붕에는 잔디가 심겼다. 지형에 순응하면서 외벽을 자연색과 황토색의 미장으로 마감해 주변 환

경사지에 자연스럽게 스며든 국립 알타미라 뮤지엄 및 연구센터

국립 알타미라 뮤지엄의 네오케이브 전시공간으로 가는 접근로

국립 알타미라 뮤지엄의 디오라마

경에 녹아들었다. 최신 기술로 모사된 구석기 시대 벽화들과 동굴 분위기를 재현한 이 뮤지엄의 알타미라 동굴을 향한 겸양은 이곳이 외부로의 조망이 필요 없는 동굴을 보여주는 뮤지엄이어서 더 큰 타당성을 얻었다. 겸양의 자세를 보인 앞서 언급된 뮤지엄들처럼 여기서도 내용과 형식이 맞아떨어졌다. 또한, 그곳에 알타미라 동굴이 있음을 이미 알고 먼 길을 찾아온 방문객들을 맞이하면 되기에 신축 뮤지엄을 눈에 잘 띄게 하려는 유난스런 몸짓이 필요 없기도 했다. 동굴의 명성만으로도 사람을 불러 모으기에 충분했다.

지하로 내려간 현대 뮤지엄들과 그 의미

뮤지엄이 이렇게 자신의 모습을 내세우지 않고 몸을 낮추는 것은 꼭 유네스코 세계유산처럼 존중해야 할 큰 대상이 곁에 있지 않아도 주변 환경을 생각하는 방안으로 유익하다. 캘리포니아 오클랜드 미술관Oakland Museum of California, K. Roche, Oakland, 1962-1968은 인접한 시청 광장에서 샌프란시스코만의 바다를 향한 조망 방해를 최소화하기 위해 경사지를 따라 지면 아래에 건물들을 배치해 옥상이 테라스 역할을 하게 했다. 당초 계획했던 미술관, 자연사박물관, 역사박물관 세 개를 모두 테라스-정원형으로 구상해 계단식 건물의 각 층은 그곳을 통해 내부로 들어올 수 있는 테라스를 갖고 있다.[4] 이 테라스들은 다른 층으로 오

테라스-정원형으로 계획된 계단식 건물인 캘리포니아 오클랜드 미술관

마티스 미술관 구관의 측면과 지하로 내려간 신관

마티스 미술관 구관인 아렌 저택의 반대편과 뒤쪽에서 발굴된 시미에 고대 로마 온천장

니스의 마티스 미술관 신관 내부

르내리는 외부 통로이기도 하다.

마티스 미술관Musée Matisse은 1963년 니스의 아렌느 드 시미에 정원Jardin des Arènes de Cimiez, Nice 안쪽에 있는, 17세기에 건립된 아렌느 저택Villa des Arènes 안에 자리 잡았다. 건축가 보댕J.-F. Bodin, 1946-이 증축해 1993년 재개장한 이 미술관의 신관은 좌우대칭인 아렌느 저택의 모습을 훼손하지 않으면서 방문자들이 공원을 통해 접근해올 때 채 3킬로미터도 떨어지지 않은 지중해의 원경을 가리지 않기 위해 저택의 측면에서 지하로 내려졌다. 공원 안에서 신축 구조물의 드러남을 최소화해 아렌느 저택의 뒤쪽에서 발굴된 시미에 고대 로마 온천장Thermes romains de Cimiez의 위상에 끼칠 수 있는 악영향도 최소화했다. 온전히 보존된 구관의 모습, 주변 환경과 유적을 존중해 건축가로서의 형태 표현 욕구를 자제하고 대신 좋은 내부 공간으로 보상받는 미술관에 만족한 것이다.

기하학의 조합으로 구성된 안도 다다오Tadao Ando, 1941-의 뮤지엄들 중에도 자연과의 관계를 중시해 자연 속에 묻힌 랜드 아트land Art의 성격을 보이는 뮤지엄들이 있다. 경사지의 느낌을 살린 치카츠 아스카 역사박물관Chikatsu-Asuka Historical Museum, Minamikawachi, 1990-1994

이나 평지에 있지만 지하로 내려간 장식고분박물관Forest of Tombs Museum, Kamoto, 1989-1992은 모두 고분古墳과 관련된 뮤지엄으로 지하의 이미지를 얻기 위해 지붕을 통한 접근로를 기획한, 프로그램으로부터 개념을 추출해낸 사례다. 나오시마 섬의 평온한 풍광을 해치지 않기 위해 나오시마 현대미술관Naoshima Contemporary Art Museum, 1988-1995과 베네스 하우스 뮤지엄Benesse House Museum, 1988-1992, 지중地中 미술관Chichu Art Museum, 1999-2004도 자신의 모습을 최소한만 드러내거나 그곳의 등고선을 따라 몸을 낮췄다. 이런 자세는 풍경 읽기를 중시하며 유일무이한 것을 만들기 위해 풍경으로부터 독특성을 유추해내고자 하는 건축가의 의도에서 비롯됐다.

주차장에서 본 치카츠 아스카 역사박물관

우리나라에도 상당 부분을 땅 밑으로 내린 뮤지엄이 있다. 경복궁 옆에 들어선 국립현대미술관 서울관에서 건축가는 '무형의 미술관', '일상 속의 미술관'이라는 개념으로 접근했다. 27,354제

베네스 하우스 뮤지엄, 나오시마 섬

지중 미술관, 나오시마 섬

곱미터 면적의 대지에 연면적이 52,000제곱미터가 넘는, 전시공간의 층고가 높은 건물이기에 덩치가 더 커지는 미술관을 계획하면서 건축가는 자칫 규모로 경복궁을 위협할 수 있는 건물의 상당 부분을 지면 아래로 깊이 내렸고 지상 돌출부의 단정한 모습으로 이웃인 경복궁을 배려했다. 궁궐 옆이기에 18미터 고도제한이 있어 공모전 당시에 지하 레벨의 활성화를 권유한 데 대한 적합한 응답을 내놓은 것이다. 덕분에 방문객들이 미술관 내부뿐만 아니라 외부에서도 대지 전체를 자유롭게 가로지르기도 하고 머물 수도 있는 열린 미술관이 됐다. 그래도 7개의 큼직한 입방체인 전시

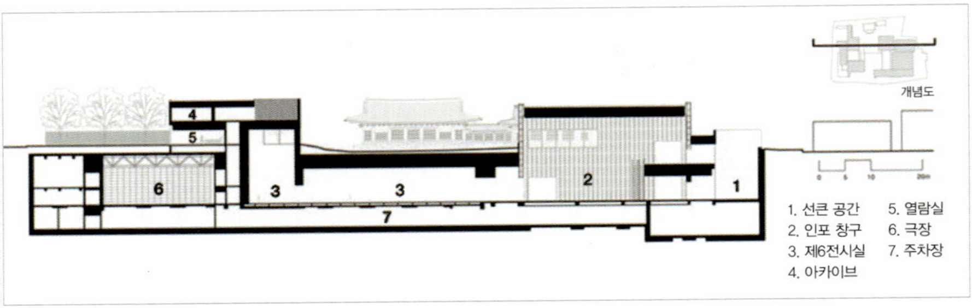

국립현대미술관 서울관의 상당 부분이 지하로 내려갔음을 보여주는 단면도

경복궁 옆에 있는 단정한 모습의 국립현대미술관 서울관

실은 천창을 통해 충분한 자연광을 누리고 다른 시설들도 마당과 중정들이 있어 환기와 채광을 할 수 있다. 대놓고 으스댈 수 있었던 대규모 국립미술관의 위용을 스스로 내려놓고, 원래 자리로 돌아온 조선 시대 종친부 건물로서 최고 왕족들의 집무처인 경근당敬近堂과 고위관리들의 집무처인 옥첩당玉牒堂이라는 먼 과거와 그 자리에 보존된 기무사 본관이라는 근대와 새로 들어선 현재가 품격 있게 어우러진다. 멀리서나마 겸재 정선의 인왕제색도 안에 담긴 인왕산의 모습을 감상할 수 있는 덤도 얻었다.

이처럼 뮤지엄을 신축하면서 볼륨을 낮추거나 주변 환경에 스며들게 함으로써 자신의 존재감을 약화해 주변을 돋보이게 하려는 노력은 흔치는 않지만 있어 왔다. 하물며 유네스코 세계유산이 가까이 있는 곳에서 자신보다는 과거의 문화유산이 주인공이 되게 하려는 겸양은 과거의 문화유산을 돋보이게 하는 적극적이고 효율적인 방안이다.

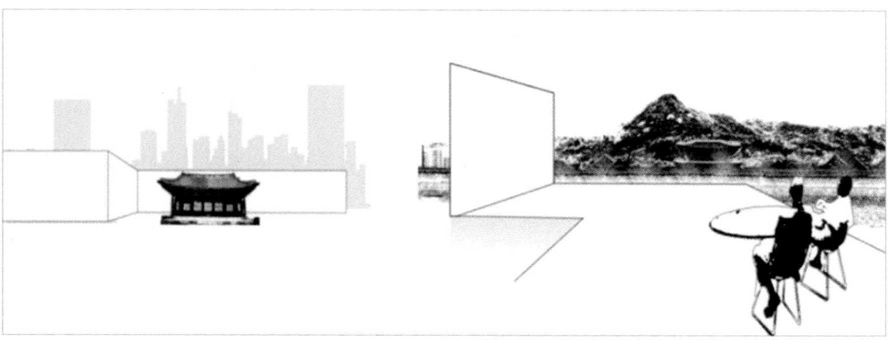

국립현대미술관 서울관의 개념 다이어그램. 새 미술관이 종친부의 배경이 되고 경복궁과 인왕산을 바라보려는 의도를 드러낸다.

동조同調, 닮음으로 보조 맞추기

유네스코 세계유산 가까이에 건립된 뮤지엄들에서 유네스코 세계유산의 건축적 특징을 신축 뮤지엄에 도입해 조화를 추구하는 방안도 보인다. 구조와 재료의 선택에서부터 의장적 요소에 이르기까지 존중해야 할 대상과의 동질감을 닮음을 통해 얻으려는 것이다. 그렇다고 현대 건물을 지으면서 과거를 그대로 모방해 똑같아지려는 것은 아니다. 이웃한 절대적 존재가 가하는 가상의 압력을 새로운 존재가 민감하게 받아들여 형식이나 내용에 반영하는 것이다. 법이나 명령에의 준수나 복종과는 다르게 직접적인 명령이나 설득이 없어도 존중해야 할 대상에 자기 자신의 의도와 힘으로 맞춰가는 것이다.

부분적 또는 전체적 닮음

루트비히 미술관의 톱날지붕고측창 채용

앞서 루트비히 미술관이 평면, 단면과 외형 등 계획 전반에서 쾰른 대성당을 가리지 않기 위해 여러모로 마음 쓴 것을 봤다. 이 미술관에서는 이에 더해 최상층 전시공간에 자연광을 들이기 위한 채광 시스템에서도 대성당을 의식한다. 도시적 전경의 관점으로 봤을 때 분절된 채 은회색 금속이 씌워진 큰 지붕과 그 위의, 대각선적으로 층층이 쌓인 다수의 천창 시스템(라인강에서 대성당 쪽을 향하므로 강 쪽에서는 그 측면이 보인다)이 대성당의 탑과 첨탑, 버팀벽, 플라잉 버트레스들과 대위법으로 무난하게 어우러진다. 재료 측면에서도

루트비히 미술관의 천창

미술관의 금속 지붕과 대성당의 석재 벽체, 금속 지붕은 조금도 낯설지 않다.

앞서 이 미술관의 설립 과정을 살펴봤었는데, 쾰른 대성당 바로 옆에 건립된 로마게르만 박물관은 사정상 그렇다 치고, 그 후 루트비히 미술관이 다시 로마게르만 박물관과 바짝 붙어 건립된 것도 이채롭다. 쾰른 대성당의 명성에 힘입어 로마게르만 박물관과 함께 문화단지를 이루려는 의도였을 것이다. 비슷한 물건을 파는 가게들이나 음식점들이 함께 있을 때 매상에 더 유리한 것처럼 문화적 용도의 건물들이 모여 있으면 방문 의욕이 고취되기 마련이다. 1988년 서울올림픽 개최를 이유로 국립현대미술관김태수, 1982-1986(오늘날은 국립현대미술관 과천관)을 과천에 짓고자 결정했을 때 접근성에 대한 우려가 컸었는데, 그 걱정은 사실이 됐다. 크게 짓고 좋은

경복궁과 국립현대미술관 서울관

작품을 다수 소장했지만, 이 미술관은 더 많은 방문자를 불러들이는 데 어려움을 겪었다. 용인의 에버랜드 안에 있는 호암미술관이 더 많은 관심을 받기 위해 이웃에 근대미술관을 짓기로 하고 종로구 부암동의 북한산 자락에 들어선 환기미술관을 설계한 건축가 우규승을 통해 계획안을 마련하고도 착공을 주저한 것도 그 직전에 완공된 국립현대미술관 과천관이 불러온 장소에 대한 우려 때문이었다. 결국, 근대미술관 건립은 취소됐고 대신 접근성이 좋은 서울 시내에 현대미술관을 세우기로 했다. 우여곡절 끝에 남산자락에서 배산임수의 지세를 지닌 한남동 부지에 삼성미술관 리움 Leeum, Rem Koolhaas, Mario Botta & Jean Nouvel, 1996-2004이 건립됐다.[5]

이런 접근성의 문제가 해결된 뮤지엄이 국립현대미술관 서울관이다. 루트비히 미술관처럼 쉽게 주목받을 수 있는 위치인 데다 교통도 편리하고 경복궁 옆 현대식 건물로도 잘 적응해 성공적으로 운영 중이다. 국립현대미술관 서울관 계획안은 국제공모전을 통해 당선작으로 확정된 이후에 최종 계획안이 확정되기까지 여러 차례 까다로운 심의 과정을 거쳤다. 경주에서 열린, 이 책의 주제와도 관련 있는 「역사도시 유적지 주변의 공공건축, 도전과 과제」라는 주제의 세미나에 필자와 함께 발제자로 나섰던 이 미술관의 건축가와 함께 귀경하게 되었는데, 이 미술관에 기와지붕을 씌우자는 요구가 있었다는 얘기를 했다. 1981년 국군기무사령부에서 테니스장을 짓기 위해 정독도서관 뜰 안으로 이전한 종친부 건물을 미술관 부지 안으로 다시 옮겨와 전체 구성 안에 자리를 잘 잡았는데, 심의위원들 중 일부가 그것만으로는 성에 차지 않았던 모양이다. 옛 국군기무사령부는 국립현대미술관 서울관 자리에 있었으며 광주 민주화 운동 이후 정권을 장악했던 군인들이 모여 기념사진을 찍었던 곳이었다. 「옛 국군기무사령부 본관의 국립현대미술관 활용에 대한 타당성 및 방향성」 심포지엄에서 일제강점기 때 지어져 75년이나 된 붉은 벽돌의 근대 건물을 경복궁 옆에 존치시키려 한 것도 누군가에게는 불만이었을지도 모르겠다.

조선시대 종친부 건물과 국립현대미술관 서울관

국립현대미술관에 편입된 옛 국군기무사령부 본관과 종친부 건물

국립현대미술관 과천관. 원통형 볼륨 위에 기와가 놓일 뻔했다.

과천에 세워진 국립현대미술관에서도 건물 중앙에 있는, 몽당연필을 세운 듯 뾰족한 원통형 건물 지붕에 기와를 얹으라는 정부의 압력이 있었다고 한다. 88올림픽을 앞두고 우리나라의 상징이 되게끔 기와를 얹으라는 압력이었는데, 건축가 김태수는 "그것은 조선시대적"이지 결코 "한국적이지 않다"라고 버티며 도면 수정을 거부했다.[6] 군사정권 시절에 그가 미국에서 주로 활동하는 건축가가 아니었다면 불가능했을지도 모를 반발이었다.

30년이 지났지만, 국립현대미술관 서울관에서도 같은 요구가 있었다. 건축가는 미술관의 규모가 큰 여러 볼륨 위에 전통 지붕의 비례에 맞춰 커다란 기와지붕이 여러 개 얹힌 수정안을 보여줬다고 한다. 지붕 크기로 포기를 이끌려는 건축가의 의도는 적중했다. 근정전이나 경회루의 지붕을 무색케 했을 미술관의 지붕 크기를 보고 기와지붕 요구는 없던 일이 됐다. 경복궁 옆이니 과거를 그대로 따라야 한다는 짧은 식견을 거둬들인 것이다.

반면에 루트비히 미술관의 지붕 전체를 차지한 천장은 성공적이다. 라인강 건너편에서 봤을 때 수직적인 대성당의 하부에서 미술관의 지붕과 천창들이 낮게 깔렸으면서도 파도가 일렁이는 듯한 일련의 수직적인 물결을 이뤄 고딕 대성당의 본질적 특성인 앙천성仰天性에 동조한다. 똑같아야 한다는 강박관념을 버려도 용도

쾰른 대성당의 앙천성에 동조하는 루트비히 미술관의 천창 모습

까지 감안하며 닮을 수 있음을 보여줬다.

이질감 없는 국립 로마미술관

메리다에 건립된 국립 로마미술관은 고대 로마의 유적이 가장 잘 보존된 도시 중 하나로, 마치 과거부터 그 자리에 있었던 건물 같다. 앞에서도 언급했지만, 이 미술관은 메리다가 기원전 25년에 아우구스투스 황제에 의해 이베리아반도의 전초기지가 된 지 2천 년이 된 기념으로 건설됐다. 그 기획 의도를 존중해 건축가는 고대 로마 원형경기장 및 메리다 국립극장과 이웃한 대지 위에 새로운 도시가 건설되어 메리다가 잃어버린 고대 로마도시의 존재를 되찾게 해주는 미술관을 짓고 싶었다. 이를 위해 현대 뮤지엄임에

국립 로마미술관의 입구

국립 로마미술관의 전시공간

도 과거의 로마를 상기시키고 환기할 방법을 모색했다.

그 결과 신축 미술관에 몰딩이나 오더 등을 채용하는 정도가 아닌, 콘크리트로 채워진 육중한 조적식 내력벽이라는 진정한 로마 구조 체계가 채택됐다. 고대 로마의 전형적인 평면 형식인 바실리카Basilica[7] 위에 나란한 벽들이 고대 로마의 탁월한 성취물인 아치arch들로 뚫려 있다. 이 아치들의 3겹 띠는 주변의 고고학 사이트들에서 따왔다. 이렇게 형태와 구조, 재료에서 고대 로마라는 역사적 환경을 참조한 까닭에 이 미술관은 오래전부터 그곳에 서 있던 건물처럼 보인다. 인접한 고대 로마 원형경기장이나 메리다 국립극장에 들어갈 때와 느낌의 차이가 크지 않다. 이

국립 로마미술관의 지하 전시공간

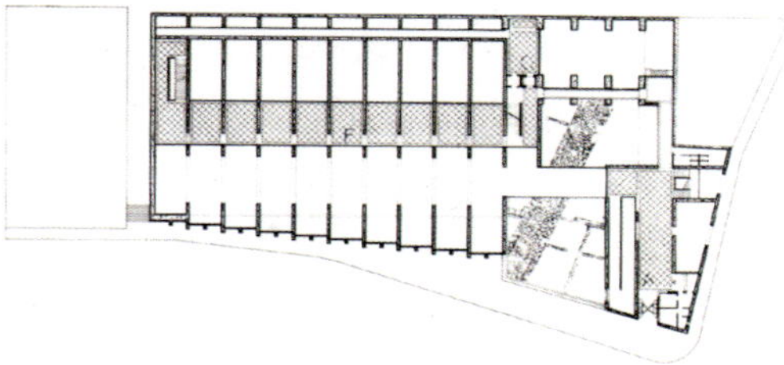

국립 로마미술관의 1층 평면도

미술관이 의지하는 이런 통시적 몸짓 안에서, 이후 다시 설명하겠지만 현재를 동시에 감지케 하는 제안들이 가미되어 방문자는 시간을 초월한 공간 안을 거닐게 된다. 고고학 유적지에서 발굴된 전시물이라는 전시 내용과 고대 로마의 평면과 구조, 마감 재료 같은 구축 형식이 일치해 전시용 건물로서의 역할에 충실하다.

하이테크 건축가의 과거 존중

카레 다르를 설계한 노먼 포스터는 자신은 동의하지 않지만 하이테크 건축가로 불린다. 이런 경향의 건축가 대다수는 자신의 작업에서 현재를 넘어 미래를 보고 내달리려는 의지를 표현하고 싶어 한다. 하지만 포스터는 퐁피두센터를 설계한 두 건축가 중 한 명인 렌조 피아노와 함께 기술 지향적이면서도 인간적 느낌을 소환하는 디테일에 강하면서 유럽의 고전적 환경에도 깊이 유념하는 건축가다. 필자는 포스터가 주도해 신축되거나 뮤지엄으로 리노베이션되거나 증축된 뮤지엄들이 모두 예외 없이 오래된 것과 새것을 어떻게 연관 지어 더 풍요로운 결과물을 얻을 수 있을 것인지를 집요하게 탐구한 결과물임을 별도의 연구를 통해 확인했었다.[8] 포스터는 여러 유형의 건물들에서 구조적 특성이 표출되어 형상이 독특한 건물들을 다수 설계했지만, 뮤지엄 건축에서만큼은 예외 없이 주변을 배려하며 형태 유희를 자제했다.

노먼 포스터의 이런 자세는 이 책의 핵심 관점과 정확히 일치한다. 그는 여러 뮤지엄을 리노베이션하거나 증축했는데, 여기서는 그중 포스터가 설계해 신축된 뮤지엄들에 대해서만 살펴보도

〈표 2〉 포스터가 설계해 완공된 신축 뮤지엄

세인스버리 시각예술센터 Sainsbury Centre for the Visual Arts	
Norwich	1974-1978

카레 다르 Carré d'Art	
Nîmes	1984-1993

록 하자. 이에 해당하는 뮤지엄은 〈표 2〉와 같다.

〈표 3〉은 포스터가 설계한 신축 뮤지엄들에 나타나는 기술적 이미지와 맥락적 조화를 정리한 것이다. 그에게 기술은 문명의 일부이며, 반反기술은 지지할 수 없는 것이었다. 하지만 기술적 진보는 제어되면서 활용돼야 한다고 봤다. 기술을 도구로 사용하지만, 그것에 지배되지 않음으로써 하나의 건축물로서 장소성에 대응하는 형태와 공간을 창출하고자 했다.

이렇게 포스터가 신축한 뮤지엄은 기술적 이미지를 견지하면

미국항공박물관 American Air Museum	
Duxford	1987-1997

고르주뒤베르동 선사박물관 Musée de Préhistoire des Gorges du Verdon	
Quinson	1992-2001

〈표 3〉 노먼 포스터가 설계한 신축 뮤지엄들의 기술적 이미지와 맥락적 조화

뮤지엄명		기술적 이미지	맥락적 조화	
			외부	내부
구조적 드러냄	세인스버리 시각예술센터	건물 양단에서 노출된 딥트러스 구조물, 교체 가능한 알루미늄 외피 패널, 자연광과 인공조명의 유입을 조절할 수 있는 천장구조, 하나의 높고 넓은 무주 공간	거대한 선형 구조물의 마침표로서의 위치와 크기, 단순하나 강한 외관	외부의 거대 선형 구조물의 대항 수단으로서의 넓은 내부 공간, 개인집 살롱 같은 전시공간
	미국항공 박물관	싱글 스팬 볼트로 이뤄진 지붕으로 덮인 하나의 큰 무주 공간	하늘에서 눈에 잘 띄지 않고 전경에 주는 충격을 최소화하기 위한 환상형의, 일부는 잔디로 덮인 지붕	드넓은 평야와 조응하는 큼직한 내부 공간, 고정된 전시와 활주로의 활기와 드라마를 연계시키는 큰 유리벽
환경 속의 차분한 정착	카레 다르	외피 전체가 유리로 감싸인 가볍고 순수한 프리즘, 금속 현관 지붕과 그것을 받치는 강철 봉, 디딤판이 강화유리로 된 계단과 유리로 둘러싸인 유압식 엘리베이터	고대 도시 님의 그리드에서 영감을 얻음, 지하 5층까지 내려감, 외부 유리벽의 패턴, 주입면의 비율, 캐노피를 받치는 기둥	중앙 아트리움과 계단, 고전적인 전시실들, 넓지 않은 기둥 간격
	고르주뒤베르동 선사박물관	거푸집을 조인 볼트 구멍의 흔적이 보이지 않는 송편 모양 본체의 노출콘크리트, 길고 흰 자연석 옹벽, 9미터 높이의 아연도금 강판으로 지지한 입구 유리면	주변의 역사적 건물들과 새로운 구조물 사이에서 연결고리 역할을 하는, 대지의 지형에 순응해 길고 흰 자연석 옹벽, 지역산 석재의 색에 맞춘 콘크리트 색	박물관이 기념하는 동굴을 연상시키는 3층 높이의 아트리움, 내부의 정적인 전시와 외부의 활동을 연계시키는 9미터 높이의 유리로 된 입구면

서도 주변 환경에 맞춰 외부와 내부에서 모두 주변과의 조화를 꾀하고 있다. 서로 다른 것 같은 이 네 뮤지엄에서 〈표 4〉같이 상호 연관성도 찾을 수 있다.

포스터가 신축한 뮤지엄들은 리노베이션이나 증축한 뮤지엄들보다 상대적으로 더 자유로운 발상이 가능했음에도 외부 형태와 재료 선택에 있어 주변을 의식하고 존중했다. 주변 환경이나 프로그램을 고려해 과감한 구조나 지역에 순응하는 구조를 택하고 이

〈표 4〉 노먼 포스터에 의해 신축된 뮤지엄들의 상호 연관성

<table>
<tr><th rowspan="2">신축 뮤지엄</th><th colspan="2">기술적 이미지</th><th colspan="3">외부</th><th colspan="2">내부</th></tr>
<tr><th>구조</th><th>재료</th><th>볼륨</th><th>재료</th><th>패턴</th><th>대공간</th><th>전시공간</th></tr>
<tr><td>세인스버리 시각예술센터</td><td>과감한 구조</td><td>금속 패널과 유리</td><td rowspan="3">주변을 고려한 모양과 높이</td><td rowspan="3">새로우나 주변과 조화를 이루는 재료</td><td rowspan="3">주변의 반영</td><td>전시공간</td><td rowspan="2">현대적</td></tr>
<tr><td>고르주뒤베르동 선사박물관</td><td rowspan="2">지역에 순응하는 구조</td><td rowspan="2">콘크리트와 유리</td><td>전시공간과 입구 아트리움</td></tr>
<tr><td>카레 다르</td><td>중앙 아트리움</td><td>고전적</td></tr>
<tr><td>미국 항공뮤지엄</td><td>과감한 구조</td><td>프리캐스트 콘크리트 패널과 유리</td><td colspan="3">주변에의 충격 최소화</td><td>전시공간</td><td>현대적</td></tr>
</table>

에 걸맞은 현대적 재료를 적용하면서 공통으로 기존과 형태 및 높이를 맞추고, 새로우나 주변과 조화되는 외장재를 선택했다. 내부에서는 지역 조건이나 전시물의 특성에 맞춰 주변 환경과 소통하면서 현대 공간으로서의 정체성을 견지한 대공간이 모두 도입됐다. 넓은 활주로와 밭들을 앞에 두고 주변과의 관계가 가장 느슨한 미국항공박물관에서조차도 환경에 주는 충격을 최소화하려 했다.

다시 고대 로마 도시 님에 포스터가 계획한 카레 다르로 돌아와, 앞의 표에서 정리된 내용을 좀 더 자세히 살펴보자. 카레 다르 건립을 위한 공모안을 구상하면서 포스터가 카레 다르를 지을 부지만 고려한 것이 아니라 그 전면에 있는 도로를 포함한 메종 카레 광장Place de la Maison Carrée을 하나의 대지로 간주했음은 앞서도 언

급됐다. 메종 카레 광장은 길이가 약 50미터인 카레 다르 앞의 도로 이름이기도 하다. 그 양편으로 계속 이어지는 도로 이름은 빅토르 위고 대로Boulevard Victor Hugo와 알퐁스 도데 대로Boulevard Alphonse Daudet로서 프랑스가 자랑하는 소설가와 님에서 태어난 시인의 이름에서 따왔다. 하지만 이 두 대로 사이에 있는 카레 다르 앞 도로는 차가 다니는 길임에도 이름에 광장을 의미하는 place를 사용해, 건축주인 시당국부터 카레 다르와 메종 카레가 하나의 대지에 있다고 보고 있음을 천명한다.

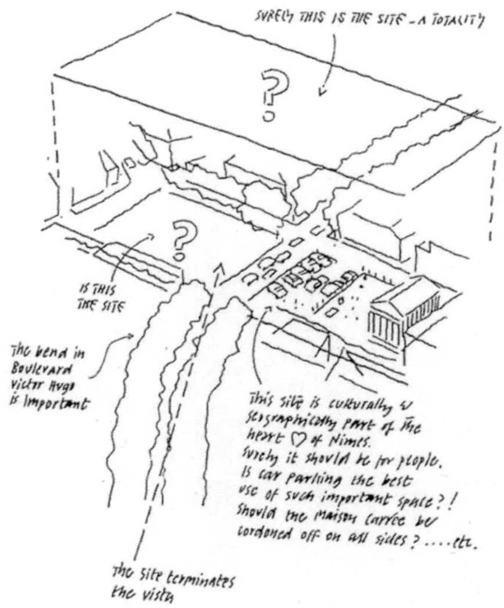

카레 다르와 메종 카레가 하나의 대지에 있다고 보고 있음을 알려주는 건축가 포스터의 스케치

카레 다르를 구상하기 위해 건축가 포스터가 만들었던 모형들

이 의도는 완공 소식을 듣고 찾아갔을 때 개관 기념으로 넓은 입구홀에서 한동안 진행됐던, 카레 다르를 위한 건축가의 각종 스케치와 모형 전시회에서 직접 확인할 수 있었다. 최종안이 나오기까지 여러 대안이 검토됐고 모두 모형으로 만들어져 있어 만족스러운 계획안이 만들어지기까지 고심한 흔적도 볼 수 있었다. 그 모든 여정에서, 그리고 최종안에서 메종 카레가 카레 다르의 계획에 절대적인 고려 대상이었음은 물론이다. 카레 다르가 주변을 고려해 건물 높이의 절반을 지하로 내린 결과, 지상에

돌출한 주입면의 볼륨 너비와 높이의 비율은 마주 보는 메종 카레 측면의 길이와 높이 간의 비율과 같다. 포스터는 이 비율의 일치만큼은 의도하지 않았다고 하는데, 신기하게도 맞춰졌다. 이런 우연이라면 얼마든지 마주치고 싶다.

유리 상자형 카레 다르에서 주출입구가 그 아래에 있음을 보여주며 주파사드를 구성하는 금속 루버의 높이는 주변을 둘러싼 주거 건물들의 처마 높이에 맞춰졌다. 메종 카레의 높이와도 일치한다. 절반을 지하로 내렸음에도 높이가 주변 건물들보다 조금 더 높을 수밖에 없는 상황에서 대신 주출입구 상부에 덧붙인 금속 루버의 높이를 주변 건물에 맞춘 것이다. 이 루버는 유리 상자의 건물에서 정면을 명시하면서 최상층에 있는 카페테리아의 테라스에 그림자를 드리워 남부 프랑스의 뜨거운 햇빛을 가려주기도 한다.

메종 카레에서 바라본, 화재로 불타기 전에 카레 다르 자리에 있었던 고전 양식의 극장

이렇게 키 맞추기는 신축 건물을 주변에 녹아들기 쉽게 한다. 기술성을 드러내며 카레 다르 정면의 금속 루버를 받치는 5개의 가느다란 금속 봉들은 바로 그 장소에 오랜 기간 있다가 1953년에 화재로 소실된 고전 양식 극장의 전면에 있던 열주의 기억이다. 또한, 메종 카레 정면의 기둥들인 코린트식 오

카레 다르를 정면에서 본 모습

더Corinthian Order[9]들과의 교감이기도 하다. 건물을 지하로 내려 주변에 미칠 수 있는 악영향을 제거한 것을 포함해 현대적이면서도 고전적인 환경과 동조하려는 노력이 고스란히 전달된다. 새것을 옛것과 연계해 과거를 존중하면서도 자신의 시대를 더욱 완벽하게 표명하는 것을 설계 과제로 삼았던 포스터의 의도가 실현된 것이다.[10]

대비對比, 근대성modernity과의 조화 추구

이 책에서 언급하는 문화유산은 모두 오래된 것들로서 고전적이다. 그 가까이에 새 뮤지엄을 계획할 때 근대성을 드러냄으로써 고전성과의 대비를 통해 문화유산을 더 돋보이게 하는 사례들도 발견된다. 어떤 요소의 특징을 강조하기 위해 서로 반대되는 형태와 색채 등을 나란히 배치해 서로의 특징이 강하게 드러나는 효과를 일으키는 대비의 언어적 의미처럼, 병치된 옛것과 새것이 갈등을 일으키지 않고 서로를 추켜세우는 효과를 궁리하는 것이다.

오랜 시간 한 장소를 지킨 대성당에 인접한 현대 뮤지엄의 대응방식은 대체로 두 가지로 나타난다. 먼저, 울름 대성당Ulmer Münster 광장에 있는 관광안내소이자 전시장과 회의장으로 사용되는 울름 슈타트하우스Ulm Stadthaus, R. Meier, 1986-1992와 같이 대성당과의 대비를 통해 자신의 존재를 확인하는 방법이 있다. 정교한 장식으로 채워진 채 하늘을 찌를 듯이 상승하는 대성당에 대응해 울름 슈타트하우스는 진입광장 쪽에 의도적으로 닫혀 있는 희고 매끈한 곡벽이 수평성이 강한 노출 보와 기둥 위에 얹혀 있다. 대성당의 가림을 최소화하려는 이유와 함께 상대적으로 소규모인 신축 건물의 존재감이 지켜졌다.

대성당의 규모나 수직적 상징성을 따라갈 수는 없지만, 유사한 모티프의 차용 등을 통해 대성당과의 연관성을 찾아가기도 한다. 한 블록 떨어져 있는 프랑크푸르트 대성당Frankfurt Cathedral과의 관계를 중시한 프랑크푸르트 근대미술관Museum of Modern Art, Frankfurt, H. Hollein, 1982-1991은 볼록한 곡벽으로 대성당 앞에 늘어서 있는 이웃 블록의 건물 지붕선과 연계를 꾀하며 대성당과의 연속성을 추구했다. 이 곡벽에 있는 다수의 수직 프레임은 대성당의 수직성에 동조한다.

울름 슈타트하우스와 울름 대성당을 그린 스케치

프랑크푸르트 근대미술관과 프랑크푸르트 대성당

쾰른 대성당의 앙천성과 정교한 디테일에의 대응

쾰른 대성당의 남측 광장에 있는 로마게르만 박물관은 옛것과 새것 사이의 건축적 차이를 명백히 밝힘으로써 문화유산을 존중한 독특한 사례다. 쾰른 대성당이 유네스코 세계유산으로 지정되기 33년 전에 계획되어 대성당의 측면 광장에서 대성당과 불과 12미터 떨어져 이 박물관이 건립된 이유는 앞에서 살펴봤다. '대항할 수 없고 대들어서도 안 되는 대상 곁에서 어떤 모습의 박물관이 되어야 할 것인가?'라는 난제 앞에서 건축가는 전형적인 근

쾰른 대성당의 외관 디테일

대성을 선택했다. 쾰른 대성당의 수직성과 정교함은 주변을 압도한다. 하늘로 치솟은 높이는 닮고 싶은 엄두조차 못 내게 하고 내·외부 벽면 전체를 뒤덮은 장식물은 장식의 축출을 내세웠던, 이 박물관이 계획된 1960년대 초반에 아직 기세등등했던 근대 건축의 정신에 어긋나 흉내를 내는 것도 불가능했다.

뮤지엄 건축을 연구하기 전 관광객으로 쾰른을 방문하면서 대성당 옆에 있는 줄도 몰랐던 로마게르만 박물관을 처음 봤을 때의 기억이 떠오른다. 장엄한 건축적 교향곡인 대성당의 측면에 바짝 붙어 익명의 건물이 침묵 속에 자리 잡고 있었다. 앞에서도 여러 번 언급한 르코르뷔지에가 1931년부터 그가 사망한 1965년까지 지속해서 연구했던 '무한성장박물관Musée à la Croissance illimitée'이 왜 이곳에 있나 싶었다.

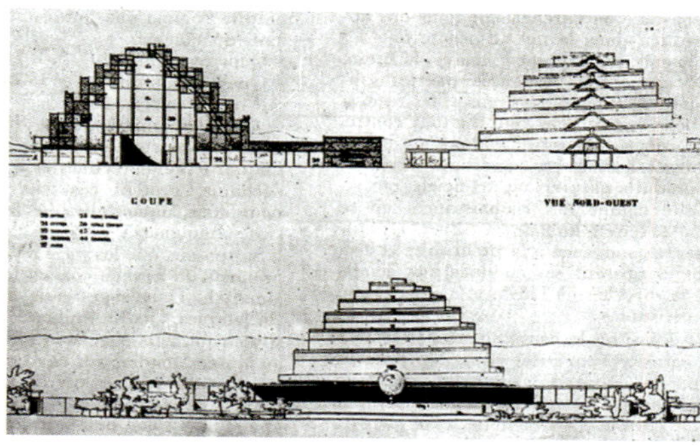

세계 박물관의 단면도와 입면도, 르코르뷔지에, 1928

빌라 사부아, 르코르뷔지에, 푸아시, 1928-1931

1931년 르코르뷔지에는 3년 전에 구상한 세계 박물관Musée mondial의 나선형은 고수하면서 같은 해에 완공된, 사각형의 볼륨이 필로티pilotis[11] 위에 얹혀 있는 빌라 사부아Villa Savoye, Poissy, 1928-1931에 적용된 건축이론을 부가하면서[12] 무한성장 개념을 근간으로 실현 가능성에 중점을 둔 파리 현대미술관 계획안을 제안했었다. 이 계획

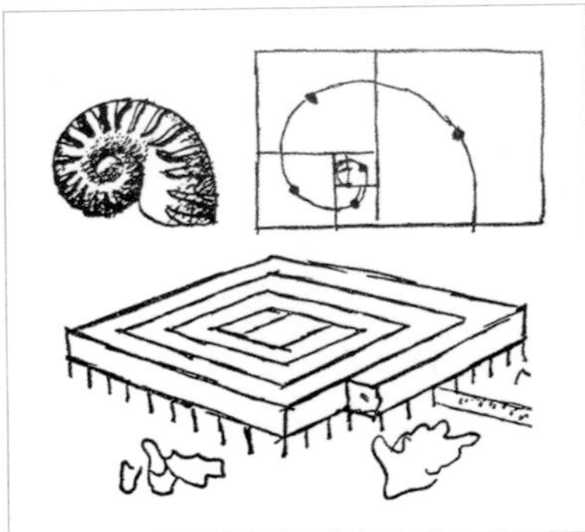

무한성장박물관 개념도, 르코르뷔지에

안은 복층 높이의 중앙실 주변에 폭 7미터, 높이 4.5미터인 모듈들이 나선형으로 돌아가며 조합되는 경제적이고 진화하는 구조 시스템으로 구성됐다. 달팽이의 유기적 성장을 닮은 이 계획안은 필로티 위에 단위전시공간 볼륨을 올려 여건이 허락하는 대로 계속 덧붙여나가는 방식을 택했다.[13] 1930년대 초 세계적인 경제 불황의 여파로 당시 어려웠던 프랑스 경제 여건을 감안해 처음에는 10만 프랑을 들여 가로세로 14미터(넓이 196제곱미터)인 복층 높이의 중앙 전시실부터 만든다. 이후 기부를 받아 자금이 준비되는 대로 필로티 위에 얹힌 전시공간을 이 중앙 전시실 주변에 나선형으로 덧붙여 나가 총 9,000미터 길이의 전시용 벽면을 가지기까지 성장하는 미술관을 제안한 것이 '무한성장박물관'이다.

당시는 르코르뷔지에가 이 개념에 따라 계획한 세 미술관 중 두 곳이 아마다바드(Museum of Ahmedabad, Ahmedabad, 1952-1956)와 도쿄(National Museum of Western Arts, Tokyo, 1957-1959)에 완공됐고 한 곳은 찬디가르(Chandigarh Government Museum and Art Gallery, Chandigarh, 1961-1968)에 건설 중인 때였다. 로마게르만 박물관의 건축가는 쾰른 대성당과 바로 옆에 들어설 뮤지엄 신축이라는 막중하면서도 막막한 임무 앞에서 당시에 큰 관심을 끌고 있었던 이 근대 건축 거장의 뮤지엄 개념이 해결방안이 될 수 있음을 떠올린 것이 분명하다. 프랑스에서도 무한성장박물관의 내부 공간 개념을 따라 계획된 미술관이 이때

도쿄 국립서양미술관의 정면

찬디가르 미술관 외관

생겨났었다. 외부였던 브장송 미술관의 중정을 전시공간으로 만들기 위해 로마게르만 박물관보다 2년 늦게 작업이 시작되어 4년 먼저 완공된 전시공간(Musée de Besançon, Louis Miquel, Besançon, 1965-1970)이 그것으로, 당시 르코르뷔지에의 근대적 뮤지엄 개념이 지녔던 영향력을 확인시켜준다.

이 시도는 대성당과는 정반대되는 이미지를 보장해줬다. 이후 로마게르만 박물관의 현대적 특성을 살펴볼 때 다시 언급하겠지만, 사각형의 단순함, 필로티 위에 들린 수평성, 개념적으로 추후 확장되면 곧 헐어야 할 임시적 벽이기에 무표정할 수밖에 없는 외벽의 단순한 평탄성 등이 그랬다. 그 결과 필로티 위에 얹혀 수평성이 더 돋보이는 정사각형 평면의 박물관이 하늘로 치솟은 대성당과 겨루지도 따르지도 않으면서 자신의 자리를 지킨다. 조금은 거리가 더 떨어져 있지만 로마게르만 박물관이 높이를 같게 맞춘 주변의 기

브장송 미술관 중정에 무한성장박물관 개념을 따라 증축된 전시공간

로마게르만 박물관 외관

존 건물들이 대성당 옆에서 숨죽인 채 대비를 통한 평형을 추구하는 로마게르만 박물관을 말없이 돕는 원군 역할을 한다. 이렇게 네 면 모두 바닥에서 떠 있는 박물관의 단순하고 수평적으로 긴 평탄면은 대성당의 아찔한 수직성과 대비되는 편안한 수평성으로 대성당 광장에 안정감을 가져온다.

전체가 박물관인 구도심 안에서의 근대성

아를 고대사박물관은 '지칠 줄 모르는 근대 건축의 수호자'로 여겨지는[14] 건축가 시리아니가 유네스코 세계유산 보호구역인 구도심 전체가 박물관이라고 할 수 있는 아를에 새 박물관을 계획하며 근대성으로 고전성과의 조화를 찾고자 고심한 결과물이다. 건축가는 고대 로마와 로마네스크 유적에서 쉽게 눈길을 끄는 표피적인 장식이 아니라 건축 구성에 내재한 명확하고 힘이 있는 기하학에 주목했다. 고대 로마 건축의 웅혼함을 드러내는 단순한 기하학적 볼륨은 근대 건축의 특성이기도 하다.

설계공모전에 제출된 시리아니의 계획안은 다른 경쟁자들의 공모안과 큰 차이를 보였다. 고대 로마 건축의 웅장하고 막힘이 없는 구성을 가능케 한 기하학적 면모에 주목하면서도 그때는 없었던, 가장 간략한 형태를 담보해주는 정삼각형 평면을 취한 것이다. 건물 평면으로 흔치 않은 삼각형은 론강, 고대 로마 전차경기장 유적과 아를 시민들에게 수돗물을 공급하기 위한 수로로 형성된 삼각형의 대지 형태와 어울린다. 또한, 전시, 과학, 교육이라는 세 주요 공간영역이 있어야 하는 박물관 프로그램과도 맞아떨어진다.

시리아니의 설계사무실에서, 내부의 공간성을 특히 중시하는 건축가로서 형태 우선의 건축을 단호히 거절하는 그가 이 프로젝트를 위해 날짜를 명기하며 그린 많은 스케치 중 첫날의 그림이 단선으로 그려진 삼각형인 것을 보고 처음에는 의아했었다. 직감을 따르는 건축을 싫어하는 그의 작업 방식과는 다른 행보였기 때문이다. 나중에 대지 형상, 프로그램의 특성과 설계지침서상의 요구를, 높이어 귀하게 여기지 않을 수 없는 고전적인 이웃을 주목하고 마음을 써야 하는 근대 건축가의 고충을 안 후에야 삼각형을 이해할 수 있었다. 사람들 대부분이 주변에 남아 있는 로마 건축의 장식적인 외관에 관심을 보였을 때 시리아니는 그 건축의 본질을 꿰뚫어 보고 거기서 현대 건축과의 동질성과 차이점을 동시에 찾아냈다.

그동안 론강의 흐름도 약간 바뀐 상황에서 여전히 불변한, 아를의 자랑인 하늘을 상징하는 파란색을 입은 세 입면 중 높이 9미터,

아를 고대사박물관의 주입면과 아를의 하늘

공사 중인 아를 고대사박물관 항공사진

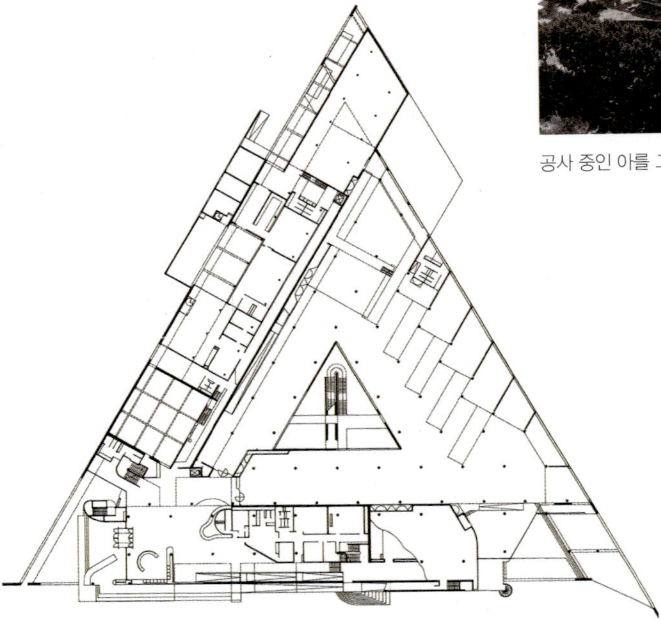

아를 고대사박물관 1층 평면도

길이 130미터인 주파사드는 불과 7미터 떨어져 발굴 중인 고대 로마 전차경기장의 배경이 됐다. 주파사드의 양단은 고대 로마의 수도교 같은 유적을 연상시키며 긴 수평성의 끝을 맺는다.

반대 이미지 대비를 통한 상호 부각

케브랑리 박물관의 수평성과 에펠탑의 수직성

센 강변에서 에펠탑과 이웃한 케브랑리 박물관도 앞의 두 박물관처럼 필로티와 긴 수평성이라는 공통점과 함께 건축가 장 누벨 특유의 건축 철학이 가미된 또 다른 방식으로 에펠탑의 아찔한 수직성에 대응한다. 그럼에도 앞의 두 박물관과 케브랑리 박물관을 구별해 살펴보는 것은 에펠탑이 좌우대칭의 고전적 탑이면서도 건립 당시에 기술이 감당할 수 있을까 우려가 컸을 만큼 도전적인 높이를 자랑하고, 케브랑리 박물관 또한 센 강변을 따라 약간 휜 대지의 길이 대부분을 차지하는, 195미터에 달하는 긴 선형건물이기 때문이다.

이 박물관의 수평적인 전체 볼륨과 함께 전체 길이에 해당하는 긴 옥상난간 선은 센강의 굽은 강변을 따라 유연하게 에펠탑을 향해 나아간다. 긴 지붕선 아래에는 24개의 크고 작은 육면체 돌출부들이 매달려 있다.

케브랑리 박물관과 에펠탑

에펠탑에서 내려다본 케브랑리 박물관

케브랑리 박물관의 주입면에 돌출해 있는 육면체 볼륨들

이 볼륨들은 내부가 하나로 통합된 넓은 내부전시공간의 외곽에서 특정 전시물들을 위한 작은 방booth들을 제공한다. 주파사드에서 이 돌출부들은 전체 볼륨과 옥상난간의 수평적 흐름에 반하는 수직 방향의 저항이 되어 본체의 연속성과 운동감을 오히려 부각한다. 여기에 칠해진 여러 색채는 각 돌출부의 개별성을 강조해 그 효과가 배가된다.

어떤 대지에 긴 선형건물이 들어서면 그 건물로 인해 원래 하나였던 곳이 앞뒤로 단절된다. 케브랑리 박물관은 이런 단점을 극복하기 위해 선형 건물의 중간 부분을 필로티로 들어 올려 강변 쪽 대지의 정원을 건물 뒤편으로 연장했다. 이렇게 들린 볼륨의 아랫선도 이 건물의 에펠탑을 향한 수평성을 재차 보여준다. 이 박물관의 방문객은 강변도로와 박물관 대지의 경계선에 대지 전체 길이를 따라 설치된 높이 12미터, 길이 200미터의 긴 투명유리 벽면에서 에펠탑의 수직성과 대비되는 수평성을 한차례 경험한다. 유리벽면을 지나 박물관 전면 정원으로 들어와서는 땅에서 들린 긴 볼륨 아래에 있는 매표소에서 표를 구매한 후 그곳을 지나

케브랑리 박물관의 필로티 하부에 매표소가 있다.

케브랑리 박물관 후면의 수평적 모티프들과 수직적인 에펠탑의 대조

오른쪽 뒤로 돌아가야 박물관의 주출입구에 도달할 수 있어 케브랑리 박물관의 긴 수평성을 거듭 확인하게 한다. 에펠탑을 향하는 쪽인, 박물관의 뒤편 외벽에는 차양 등 수평적 모티프가 전면적으로 적용되어 박물관의 수평적 인상에 호응한다.

프랑스혁명 200주년이었던 1989년에 혁명 100주년을 기념하는 탑 건립을 위한 공모전에서 경쟁했던 계획안들을 한자리에 모아 흑백사진으로 전시하는 것을 본 적이 있다. 전시된 계획안들은 모두 에펠탑과 유사한 형태였지만 에펠탑의 선과 비율이 단연 아름다웠다. 말 그대로 군계일학이었다. 뛰어난 구조전문가들이 머리를 맞댄 결과물인 에펠의 제안이 높은 철탑의 거대하중이 땅으로 전달되는 것을 역학적으로 가장 정확히 계산해 자연의 힘의 흐름을 명확하게 시각적으로 구현했기 때문이다. 자연에서 찾은 우아하면서도 날렵한 수직적 곡선을 지닌 에펠탑을 향해 나아가는 수평적인 케브랑리 박물관의 유연한 곡선은 센강의 굽은 흐름을 따른 것이어서 정직하다.

곡면의 유리벽으로 센강을 향해 열린 아랍 세계 연구소

이웃 건물들과 열과 높이를 맞춘 아랍 세계 연구소

센 강변 유네스코 세계유산 보호구역의 서쪽 끝부분에 있는 케브랑리 박물관과는 가장 먼 곳인 동쪽 끝 경계에서 길 하나 건너편에 아랍 세계 연구소가 있다. 아랍 세계 연구소는 장 누벨이 케브랑리 박물관보다 먼저 설계해 건립된 곳이다. 강변을 따라 선 이 연구소도 케브랑리 박물관처럼 센강의 흐름을 따라 강을 향해 있는 파사드가 유연하게 휘어져 있다. 그 반대편 입면들은 마주 보고 있는 소르본대학교 피에르와 마리 퀴리 캠퍼스Sorbonne Université Pierre et Marie

Curie의 직각격자 체계에 호응해 직선과 평탄성, 직각을 고수했다. 이 연구소의 옥상에 마련된 레스토랑에 올라가면 600미터가량 떨어져 있는 노트르담 대성당이 보이지만 그 외에는 둘 사이의 시각적 교류는 없다. 안에 여러 층에 걸쳐 넓은 전시공간이 있어 뮤지엄 건축 범주에 속하는 이 연구소에서는 이렇게 건축계획에 직접적인 영향을 미칠 만큼 소중한 가치를 지닌 역사적 대상이 가까이 없어 센강이라는 자연과 1950-1960년대에 지어진 대학 캠퍼스의 건축적 특성이 계획에 반영됐다.

강변도로를 향한 케브랑리 박물관의 긴 유리벽도 전례가 있다. 4면이 모두 유리로 마감된 아랍 세계 연구소처럼 유리 건축을 선호하는 건축가 장 누벨이 케브랑리 박물관에서는 스포트라이트 같은 인공조명을 주로 이용한 전시를 하기 위해 전시공간이 전반적으로 어둡도록 외벽 일부분에만 유리를 사용했다. 대신 유리를 사용하고자 하는 욕구는 센 강변을 따라 길게 세워진 유리벽에서 충족됐다. 이처럼 이례적으로 높고 긴 도로변 유리벽은 장 누벨이 파리에 설계한, 역시 넓은 전시공간이 있어 뮤지엄 건축에 속하는 카르티에 재단Fondation Cartier, Paris, 1991-1993에서 먼저 등장했다. 전체가 유리로 마감된 본 건물 앞 도로변에 2개의 높고 독립적인 유리벽을 나란히 세워 길거리 소음의 유입을 막으면서 카르티에의 보석 이미지를 연상시킨 것이다. 케브랑리 박물관에서는 이 전례를 필요성에 맞춰 변용해 에펠탑의 수직성과 대조되는 수평성으로, 에펠탑을 향한 흐름으로, 긴 대지의 한쪽 구석에 있는 박물관 주입구에 이르기까지 지나야 할 여러 공간적 켜의 출발점으로 대지 내 정원을 도시에 드러냈다. 이를 통해 슈퍼그래픽의 배경막인 긴

유리 피막으로 싸인 카르티에 재단

전면 유리벽에 여러 존재의미가 부여됐다.

지역의 역사와 예술과 자연에서 찾은 연관성

특이한 모습으로 호기심과 의혹을 담은 관광객의 눈길을 끄는 루마 아를은 어떻게 구상됐을까? 우리는 앞에서 아를 구도심과 인접한 곳에 세울 건물을 게리에게 맡긴 건축주의 의도를 살펴봤다. 기존 환경과 이질적으로 받아들여질 수도 있는 게리의 도발적인 제안은 아를에 문화적·경제적 활력을 불어넣기를 바라는 시당국자의 구미도 만족시켜 계획안은 통과되고 실현됐다. 여기서 게리 건축의 특성을 상술할 수는 없지만, 그의 건축 작품 대부분은 주 진입부 방향에서 비정형적이고 톡톡 튀는 형상으로 쉽게 식별

되는 반면에 인접한 건물을 마주 보는 배면이나 측면에서는 주변과의 조화를 꾀하기 위해 정형적인 볼륨을 도입해 비정형적인 외관을 보완하려는 공통점이 있다.[15] 조형성을 중시하는 게리도 건물이 들어서는 장소에 대한 최소한의 배려는 한다는 말이다.

아를의 고대 로마 원형극장에서 본 루마 아를의 타워

여러 뮤지엄을 계획해본 게리지만 아를에서처럼 역사적인 환경에 근접한 때는 없었다. 의식하지 않을 수 없는, 아를 구도심 위로 솟은 로마 원형극장을 내다보는 루마 아를의 제안은 타워의 기단부와 상층부에서 서로 다른 모습으로 나타난다. 먼저 타워의 원통형 기단부는 게리가 시인한 것처럼[16] 로마의 원형극장에 대한 반향으로 둘 간의 거리감을 삭제한다. 고대와 중세의 문화유적을 다수 품은 지역의 이웃에서 매우 이질적인 타워 상층부를 드러내면서 그 바탕에 과거와의 동질감을 깔아놓은 것이다.

루마 아를이 유독 눈길을 끄는 것은 건축주가 원했던 특이성을 만족시킨 타워의 상층부 때문이다. 이 타워 상층부에서도 아를 구도심과는 반대 방향으로 신도시를 바라보는 남동쪽은 수직적인 장방형 볼륨이 아를의 토양 색 석재를 입고 안정적으로 서 있다. 반면에 아를 구도심을 바라보는 북서쪽은 여러 개의 수직적 볼륨이 붙은 채 뒤틀리며 상승한다. 이곳은 11,000장의 잘게 나뉜 작은 수평 띠 모양인, 반 고흐에게 영감을 준 아를의 빛을 포착하고 재생할 수 있는 부드럽고 따뜻한 금속으로 게리가 생각한 스테인

루마 아를의 타워

리스스틸 강판을 불규칙하게 입고 있다. 이 작은 강판들이 모두 서로 다른 위치와 각도여서 아를의 오후 햇빛을 여러 각도로 받아들이고 반사한다.

"생각을 달리해라Think different"는 애플Apple의 슬로건 광고판에 얼굴이 실릴 정도로 자신의 이전 작품을 모방하지 않고 늘 새로운 것을 시도하려는 게리의 강박관념에 가까운 집념은 루마 아를에서도 뭔가 또 다른 것을 해야 한다는 과제를 스스로에게 부여했다. 게리는 반 고흐가 생 레미Saint-Rémy 정신병원에서 퇴원한 후 병실의 창을 통해 본 아를의 밤하늘을 기억해 1889년에 여러 장 그린 '별이 빛나는 밤The Starry Night'을 떠올렸다. 'Starry Starry Night'으로 시작되는, 미국 포크송 싱어송라이터 돈 매클레인Don McLean이 1971년에 반 고흐의 일대기를 읽고 너무나 설레어 잠 못 이루고 하룻밤 만에 완성한 서정적인 추모곡 '빈센트Vincent'가 그의 마음에 흘렀을까? 한 편의 시 같은 그 노랫말처럼 아를은 가난한 화가로서 영혼의 자유를 한없이 꿈꾸며 살았던 반 고흐의 광기 어린 진실한 삶과 떼려야 뗄 수 없는 곳이다. 또한, 재단 설립자 호프만의 부친이 아를의 반 고흐 재단Van Gogh Foundation에 기금을 냈고 호프만도 그 재단에서 활발하게 활동 중임이 고려됐을 것이다. 여기에 그 지역에서 흔히 볼 수 있는, 우락부락하게 생긴 키 큰 바위들의 광맥에 착안했다. 게리가 1959년 학생 시절 아를을 처음 방문했을 때 발견한 이 지역의 로마네스크 건축 양식에 대한 기억도 더해졌다. 정신적 고통을 표현하는 연속적이고 동적인 붓놀림으로 소용돌이치는 밤하늘과, 험준한 바위에서 비틀거리는 광맥이 주는 영감과, 처음 아를을 만났을 때의 추억으로 역사도시를 대면하기로 한 것이다.

반 고흐의 '별이 빛나는 밤'

루마 아를의 타워가 갈라진 채 솟아오른 큰 바위같이 뒤틀리고 오후, 특히 석양의 빛을 반사하며 반짝이는 모습을 반 고흐 그림과 연계시켜 보면, 게리 특유의 감성으로 서로 접점을 찾기 쉽지 않을 것 같은 유네스코 세계유산과 초현대식 뮤지엄 건물이 서로 연결된다. 이 상층부를 고대 로마 원형극장을 추종한 원통형 기단부가 받치고 있으니 더욱 그러하다. 루마 아를에서 건축가의 강한 개성이 일말의 주저 없이 다 발현된 까닭에 곧이어 볼 그라츠 미술관처럼 고풍스러운 구도시를 분발시키는 한편 아를의 역사와 예술과 자연에서 추출한 개념으로 공감대를 얻어내고자 했다. 이런 경우의 동의는 더 많은 상상력과 관대한 포용력이 필요하다.

고풍스러운 구도시 자극

프롤로그에서 잠깐 언급된 것처럼 그라츠 미술관은 유네스코

'친절한 외계인'으로 불리는 그라츠 미술관

세계유산 보호구역 안에 있지만 배려하지 않을 수 없을 만큼 역사적으로 중요한 수준의 대상과 서로 시선을 주고받으며 교류하고 있지 않다. 그래서 고풍스러운 주변 건물들과는 판이하게 다른, 의도적으로 자극적인 뮤지엄 디자인을 시도할 수 있는 여지가 있었다. 재료 사용과 건설 기법에서도 관습을 넘어섰다. 이 미술관은 유기적이고 아메바 모양의 건축 형태를 보이는 건축 운동인 블롭 건축blob architecture(=blobitecture)의 한 예로서 외피가 광전지 패널이 겹쳐진 무지개빛 청색 아크릴 패널로 덮였다.

특이한 외관 때문에 현지에서는 '친절한 외계인'으로 불릴 만큼 주변 환경에 무심한 듯한 그라츠 미술관에게도 원군援軍은 있다. 이 미술관은 1848년 당시로는 드물게 주철구조로 건설되어 철가옥Iron House이라는 뜻인 아이제네스 하우스Eisernes Haus, J. B. Withalm, 1847-1848라고 명명된 건물 바로 옆에 자리 잡아 이 하우스를 뮤지엄 프로그램 안으로 편입시켰다. 아이제네스 하우스의 주변과의 차별성은 마치 그라츠 미술관의 이질성을 사전에 예측하고 준비한 것 같다. 150여 년 전에 석조건물 일색이던 그라츠 구도심에 주철구조라는 파격으로 등장한 이 하우스가 21세기의 파격인 그라츠 미술관의 도래를 기다리며 도운 셈이다. 지면에서 떠 있는 아메바 같은 미술관의 모습이 그곳에 그런 것이 있음을 알고 찾아간 내게도 일견 생소했다. 그 옆에 있는, 수평·수직체계를 지닌 또 하나의 철제 이물질이 이 미술관이 흔들리지 않고 구도심에 정착할 수 있도록 붙잡아준다. 아이제네스 하우스가 루마 아를 계획에 부담을 준 고대 로마 원형극장만큼 존중받는 대상은 아니어도 과거와 최신 사이에서 중간 매개체 역할을 한 것이다. 2003년 유럽 문화 수도 지정에 큰 역할을 한 그라츠시 당국은 여기서 분명한 다름을 통해 계속 주변을 이끌어갈 이 도시의 주도권을 확고히 하고픈 욕망을 드러냈다. 하우스와 미술관이 한 몸이 되어 옛 도시 그라츠에 새로운 면모를 보이려는 듯 미술관 지붕 위에 얹힌 긴 휴게공간이 아이제네스 하우스의 지붕 위로 돌출되어 있다.

아이제네스 하우스와 그라츠 미술관

이 미술관이 탄생하게 된 시대적 배경은 뒤에 다시 살펴볼 것이다.

앙망仰望, 우러러보며 존중하기

신축 뮤지엄 안으로 들어선 후 이미 그 존재를 알고 있는, 뮤지엄 계획 방향에 큰 영향을 준 문화유산을 바라보게 하는 것도 고전에 경의를 표하는 대표적인 방안 가운데 하나다. 보이는 곳이 전시물의 출처인 경우는 생생한 현장감을 더할 수도 있다. 건축적 산책의 장인 뮤지엄 건축에서, 그것도 산책의 종착점에서 보는 문화유산 자체가 훌륭한 전시물이 되면서 그때까지 주목했던 전시물들에서 받은 감동을 되새김질하는 기회가 되기도 한다. 고전과 현대의 장구한 시차가 짧은 인생과 겹쳐지는 순간이다.

전시품의 출처 바라기

근대성을 겸손하게 내세우며 대비를 통한 고전 돋보이기를 성취한 아를 고대사박물관의 삼각형 평면은 모서리 공간의 쓸모가 떨어진다는 단점이 있다. 앞서 제시된 평면도에서 확인할 수 있는 것처럼 건축가는 비좁은 세 모서리 공간의 안쪽을 덜어내거나 삼각형 바깥으로 돌출시켜 이 문제를 해결했다. 고대 로마 전차경기장을 향한 주파사드의 양단 모서리는 비워져 좌측은 주출입구로의 진입공간으로, 우측은 구도심에서 오는 방문자를 맞고 로마 전차경기장을 포용하며 전차경기장과 론강을 내다보는 외부 테라스로 활용됐다. 나머지 한 모서리인 뒤편 모서리는 돌출되어 유물 수장고로 쓰인다.

이 박물관의 내부에는 전시물의 출처인 구도심과 발굴 중인 전

아를 고대사박물관의 주출입구가 위치한 모서리

론강을 면한 아를 고대사박물관의 입면과 모서리. 지금은 이 모서리 부분에 원 건축가의 동의를 받지 않은 증축건물이 들어서 있다.

차경기장을 향한 조망 의지가 곳곳에 심겨 있다. 삼각형 세 모서리 중 주파사드 양쪽 끝에서 비워진 두 곳은 모두 이웃한 문화유산을 향한 조망과 관련 있다. 입구홀에서 구도심을 향해 열린 큼직한 창이 그러하다. 론강 강변에서 내부를 덜어내고 마련한 외부 테라스 옆의 전시실에서도 큰 창이 고대 및 중세 도시와 전차경기장을 향해 열려 있다. 이 전시실에는 전차경기장의 원형을 복원한 모형 등이 전시되어 있다. 평탄한 주파사드의 2층에서 앞으로 돌출된 카페테리아의 수평창과 외부 테라스, 관장실의 발코니와 도서관 볼륨이 전차경기장과 아를 구도심 쪽으로의 지향성을 보여준다.

4면이 유리로 둘러싸인 카레 다르도 유일하게 고대 로마 신전인 메종 카레를 향한 정면만 전면 투명유리여서 과거 유산과의 시선 교류를 통한 친화성 도모 노력이 뚜렷하다. 1층의 넓은 홀과 지상부의 여러 층을 잇는 수직 동선인, 중앙의 내부 중정 전체

아를 고대사박물관의 평탄한 주입면에 돌출해 있는 세 볼륨

아를 고대사박물관의 2층 카페에서 내려다본 고대 로마 전차경기장 발굴지와 아를 구시가지

카레 다르 로비의 투명창을 통해 보이는 메종 카레

를 차지하는 넓은 계단에서 이 투명유리를 통해 메종 카레와의 시선 교류가 유지된다. 그 결과 지상의 어느 층을 오르내리든지 메종 카레가 보이고 교감은 계속된다.

서구 문화의 발생지이자 성지인 아크로폴리스 언덕의 파르테논 신전에서 남동쪽으로 280미터 떨어진 곳에 뉴 아크로폴리스 박물관을 짓기 위해 1989년에 개최됐던 국제설계공모전에서 당선된 니콜레티의 계획안은 이 박물관이 전적으로 아크로폴리스를 지향하고 있음을 가장 중요한 개념으로 삼았다. 무단 반출되어 대영박물관 전시 중에 있는 파르테논 유물인 엘긴의 대리석을 반환받고자 기획된 이 박물관을 위한 당선안은 아크로폴리스 언덕을 향한 절대적 경의를 표했다. 박물관 내부에서 3개 층에 걸쳐 일방향성 계단을 올라 뒤돌아서거나 중간에 한 번 꺾어져 돌아서는 긴 경사로를 다 오르면 정면에 반달형으로 뚫린 큰 창인 '파르테논의 눈'을 통해 파르테논 신전이 올려다보이도록 계획된 것이다. 박물관 전체의 동선과 공간이 이렇게 둘 간의 거리감을 없애는 파르테논 오마주였다.

공모전이 끝난 후 건립 예정지에서 고대 그리스와 초기 기독교 유적이 발굴되어 니콜레티의 당선작 그대로 짓기가 어렵게 됐다. 사실 뉴 아크로폴리스 박물관 건립 예정지처럼 아크로폴리스와 가까운 곳은 어딜 파도 과거의 유적이 쏟아져 나올 곳이었다. 2001년에 다시 실시된 지명설계경기에서 당선되어 건설된 추미의 안은 지하의 유적을 보존하기 위해 전체가 필로티 기둥 위로 올라섰다. 박물관은 하나의 큰 기단처럼 보이는 하단부와 함께 층별로 인근 도시 상황에 반응하기 위해 층마다 3권의 책이 조금씩

1989년 뉴 아크로폴리스 박물관 국제설계공모전에 당선된 니콜레티 계획안의 조감도

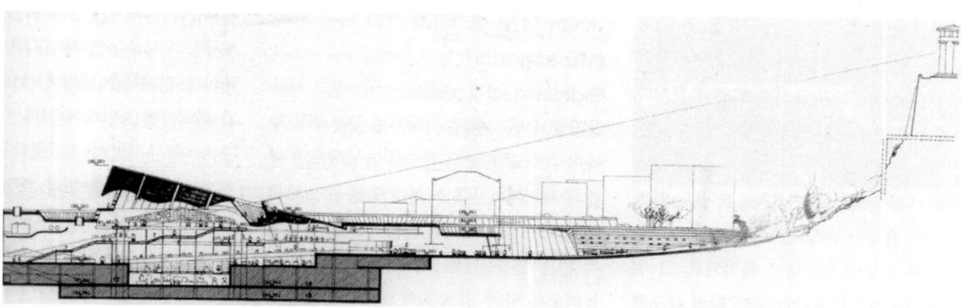

1989년 뉴 아크로폴리스 박물관 국제설계공모전에 당선된 니콜레티 계획안의 단면도

엇갈리게 쌓인 형상이다. 이 박물관에서는 카페테리아가 감상 행로의 중간 부분인 주출입구 위의 캐노피에 얹혀 있어 전시품 감상 도중에 아크로폴리스 언덕을 올려다보며 잠시 휴식을 취하게 된다.

아크로폴리스 언덕에서 내려다본 뉴 아크로폴리스 박물관

아크로폴리스 언덕이 올려다 보이는 뉴 아크로폴리스 박물관의 카페테리아

산책의 종점에서 바라보는 존중의 대상

1층의 입구홀과 전시공간, 2층의 휴식과 일, 지식을 상징하는 세 돌출 볼륨에서 전시물의 출처를 향한 시선을 제공한 아를 고대사박물관은 산책의 종점에서 다시 한번 존중해야 할 대상을 향한 전망 장소를 제공한다. 삼각형 박물관의 중심부에 있는 삼각형의 외부 중정에서 수평적으로 길고 평탄한 주파사드 위로 마치 고대 로마 건축의 종루처럼 솟은 두 개의 삼각형 면 사이에 끼워져 있는, 중정 바닥에서 옥상으로 이끄는 계단을 타고 오르면 가장 높은 지점에 마련된 전망대에 이르게 된다. 이 박물관의 옥상테라스는 방문 행로의 종점으로서 유네스코 세계유산인 아를 구도심을 여유롭게 바라볼 수 있는 넓은 장소로 마련됐다. 이곳에는 고대와 중세 도시의 매혹적인 전경을 배경으로 개최되곤 하는, 행사 때 사용할 수 있는 카페 시설이 갖춰져 있다. 이 옥상테라스는 전시공간의 끝 지점에서 중정을 통해 올라갈 수 있고, 입구홀과 직통하는 별도의 계단으로 오르내릴 수도 있다. 고대 로마와 중세의 유적이 고스란히 남아 있는 구도심과 바로 앞에서 발굴 중인 전차경기장 유적이 내려다보이는 옥상테라스에서 방문객은 꿈결 같은 지난 시간 앞에 숙연해진다.

아를 고대사박물관의 건축적 산책의 종점으로 고대 로마 전차경기장 발굴지와 아를 구시가지 및 론강을 내려다볼 수 있는 옥상 전망대와 테라스

메종 카레에서도 마찬

가지로 행로의 종점에서 현존하는 고대 로마 신전 중 가장 잘 보존된 메종 카레를 가까이서 바라보게 하는 배려가 돋보인다. 최상부 2개 층에 배치된 전시실을 돌아본 후 마지막에 이르게 되는 카페테리아의 외부 테라스가 그것이다. 장방형의 유리 건물에서 주 파사드임을 명시하며 프랑스 남부의 햇살을 막아주는 루버의 그늘 아래에서 휴식을 취하며 편안하게 2천 년 전의 명작을 눈앞에 맞이하는 것이다.

케브랑리 박물관에서도 방문의 종점에서 에펠탑을 바라볼 수 있도록 의도됐다. 여기서는 내부로 들어오기 전 정원 여러 곳에서 에펠탑이 보이나 건물 안으로 들어서면 에펠탑으로의 시선은 차단된다. 대신 전시품 감상을 마친 후 옥상에 있는 타원형의 레스토랑에 올라가 다시 에펠탑을 바라보며 쉴 수 있게 계획됐다. 레스토랑의 상호가 그림자Les Ombres인데, 에펠탑의 그림자가 지나가는 곳에서 식사할 수 있는 곳이라는 의미다. 4면이 유리로 열려 센 강과 주변 경관을 함께 즐길 수 있는 이곳은 음식 가격이 고가임에도 늘 붐벼 예약부터 쉽지 않다. 케브랑리 박물관을 설계한 건축가 장 누벨의 작품으로 앞서 소개된 아랍 세계 연구소도 여러 층에 걸쳐 전시된 오브제들을 본 후 옥상테라스에 마련된 레스토랑에서 센 강변의 유네스코 세계유산 구역을 멀리서나마 지켜보며 휴식을 취하도록 동선이 짜여 있다.

뉴 아크로폴리스 박물관에서도 행로의 종점에서 존중의 대상을 향한 최대한의 경의를 표한다. 이를 위해 건축가 추미는 고대 그리스 건물의 수학적이고 개념적인 명료함을 따라 단순하고 정확한 뮤지엄이 되기를 원하면서, 아크로폴리스 언덕을 똑바로 바

카레 다르에서 건축적 산책의 종점인 카페테리아의 외부 테라스에서 본 메종 카레

에펠탑을 바라보며 쉴 수 있는 케브랑리 박물관 옥상의 타원형 레스토랑

뉴 아크로폴리스 박물관의 최상층인 파르테논 갤러리에서 보이는 아크로폴리스 언덕

라보게 하려고 관람의 종착점인 제일 위층 볼륨을 아래 볼륨보다 23° 돌리고 4면을 전창으로 열었다. 1989년의 니콜레티 당선안에서 지지를 받았던, 파르테논 신전을 앙망하며 교감하려는 핵심개념이 고수됐다. 아크로폴리스 언덕의 중요성을 감안할 때 니콜레티 당선안에서 얻은 영감을 자신의 새로운 작업에 맞게 반영한 것이다. 아래 두 볼륨은 기존 도시의 도로망을 따랐지만, 최상층 볼륨은 평면상 파르테논의 면적과 평면상의 좌우 비율을 고려해 파르테논과 나란히 놓였다. 파르테논 갤러리 안의, 파르테논 신전의 기둥들과 같은 간격으로 서 있는 48개 기둥은 4면 모두 열린 전창 덕분에 외부에 서 있는 고대 신전 같다. 최상층의 전시공간으로 아크로폴리스 언덕의 절정을 재현한 것이다.

유네스코 세계유산 인근에서 현대 건축물로서의 정체성 찾기

지금까지 유럽의 유네스코 세계유산 인근에 새로 건립된 뮤지엄들이 역사적 의미를 지닌 이웃을 의식하며 대응하는 방안은 여러 가지지만 하나같이 상대를 귀하게 여기고 그 위상을 옹호하면서 더 돋보이게 하려는 친화적 자세를 보여주고 있음을 살펴봤다. 감히 대들거나 마이웨이만을 외쳤다면 그 자리에 들어서는 것조차 동의받기 어려웠을 것이다. 그렇다고 엄연한 현대 건축물로서 이 신축 뮤지엄들은 명성 높은 이웃에 굴종하지도, 흡수되지도 않았다. 그 자리에 들어서야 하는 운명을 푸념하지 않고 과거와 함께하면서도 그 자리, 이 시대에 실재하는 현재성을 잃지 않은 것이다. 어떻게 이 쉽지 않은 난제를 풀어갔을까? 오랜 역사가 축적된 유럽 대륙에서라면 과거 모방의 유혹이 크고 공감을 얻기도 쉬웠을 텐데, 이 뮤지엄들은 그러지 않았다. 그들이 간격이 넓은 시간의 켜들과 공명하면서도 현대 건축물로서의 위상을 찾아가는 방안을 살펴보자.

모던modern 건축으로서의 정체성

무형無形과 간소簡素의 역설적 존재감

드러나는 형태가 없다시피 하거나 간소하다고 해서 존재감이 사라지거나 약화되는 것은 아니다. 이런 것들이 즉각적인 반응은 약할 수 있지만 이후 실감되는 진정성은 더 큰 호소력을 불러일으키곤 한다. 문학사가이자 예술사회학자인 하우저Arnold Hauser, 1892-1978의 견해처럼 예술작품이 주는 자극이 무의식적이면서 설명적이지 않고 그 의도가 덜 노골적일수록 오히려 감상자의 상상과 감정과 반응에 더욱 큰 영향을 미칠 수 있다.[17] 자신의 모습을 감추거나 눈길을 끄는 조형성을 최소화하면서 현대 건축물로서의 존재성을 확보한 사례를 자신을 낮춰 드러냄을 스스로 줄인 뮤지엄들에서 살펴볼 수 있다.

형태가 아닌 공간으로 내면 일깨우기

지하로 내려간 제2차 세계대전 강제이송 희생자 기념관은 규모가 작고 눈에 잘 띄지도 않지만 2007년에 프랑스 역사기념물로 지정됐을 만큼 중요한 기념관이다. 센 강변에서 뱃머리 형상인 기념관의 좁은 계단을 내려가 닿는 앞마당은 벽으로 둘러싸여 파리의 전경은 감춰진 채 하늘과 이 벽에 뚫린 하나의 개구부를 통해 강물만 보인다. 개구부 위에는 강제수용소의 참혹함을 떠올리게 하는 날카로운 금속 조각물이 설치되어 있다. 강에서 봤을 때도 이 개구부는 쇠창살이 박힌 감방 창문 같다.

기념관 앞마당으로 내려와 뒤돌아서면 보이는, 두 육중한 콘크리트 블록 사이로 역시 한 사람씩만 비좁게 드나들 수 있는 출입구를 통해 들어가는 육각형 평면의 양편 내부에는 여러 나치 수용소에서 가져온 흙과 시신을 태운 재가 들어 있는 15개의 항아리가 있다. 이곳의 중심에 위치한 꺼지지 않는 작은 불꽃이 희생자들을 위로한다. 납골당 같은 전시공간의 입구에서 본 좁고 긴 갤러리의 희미한 조명이 비치는 두 벽에는 희생자 숫자인 20만 개의 작은 유리 크리스털이 붙어 있다.

제2차 세계대전 강제이송 희생자 기념관의 앞마당에서 센강을 향한 개구부와 금속 조각물

제2차 세계대전 강제이송 희생자 기념관의 꺼지지 않는 작은 불꽃

밀실공포증을 불러일으킬 것 같은 이 기념관에서는 전쟁과 억압, 죽음에 대한 공포가 감지된다. 그러면서도 역설적으로 자유를 환기시킨다. 아무것도 없는 것 같은 곳에서 많은 생각을 안겨주는 곳으로, 오직 공간만으로 방문자의 내면을 일깨운다. 고요함과 고독을 통해 묵상하고 명상케 하는 방문 여정은 "피폐케 하는 오랜 고난, 몰살과 타락의 의도를 상기시키려는"[18] 건축 개념이 제대로 발현

됐음을 보여준다.

감춰졌으나 연속적이고 역동적인 공간

제2차 세계대전 강제이송 희생자 기념관처럼 지상에서 눈에 잘 띄지 않게 지하에 자리 잡은 덴마크 M/S 해양박물관에서는 드라이독 벽을 그대로 보존한 채 드라이독 벽 외곽의 흙을 파 지하로 들어간 내부 공간들이 드라이독의 벽을 타고 돌며 연속적인 순환고리처럼 연결된다. 공모전 때는 박물관의 연면적 60,000ft² (5,574제곱미터) 중 일부는 드라이독 안에, 다른 일부는 이웃한 다른 기존 구조물에 분산 배치하는 방안이 요구됐다. 드라이독에서 파인 공간의 면적이 3,000제곱미터 정도여서, 그 안에서 2개 층으로 상정된 박물관 공간 수요를 다 충족할 수 없었기 때문이다. 천창 채광이면 충분하거나 인공조명만으로도 기능할 수 있는 전시공간과 달리 환기와 조망까지 필요한 직원용 사무공간이나 작업공간 등을 드라이독 안에서 확보하기가 어려웠던 건축가는 반짝이는 아이디어를 냈다. 애초 당연히 채워 쓰는 것으로 여겨졌던 드라이독 안쪽을 그대로 비워두고 그 바깥쪽 주변 흙을 파내어 박물관의 주요 공간을 배치하자는 것이다.[19]

드라이독을 프로그램으로 채우지 않은 채 그대로 비워두고 그 주변에 전시실들을 배치하자는 발상 덕분에 새로운 종류의 도시적 공간을 얻게 됐다. 이 도시적 공간은 비어 있는 드라이독의 본래 모습을 간직해 얻은 것으로 도시 변천사의 역사성 보존 측면에서도 만족스럽다. 비워진 채 진입과 순환동선 공간으로 활용된 8미터 깊이의 드라이독은 박물관의 중정이 되어 주변 갤러리와 카

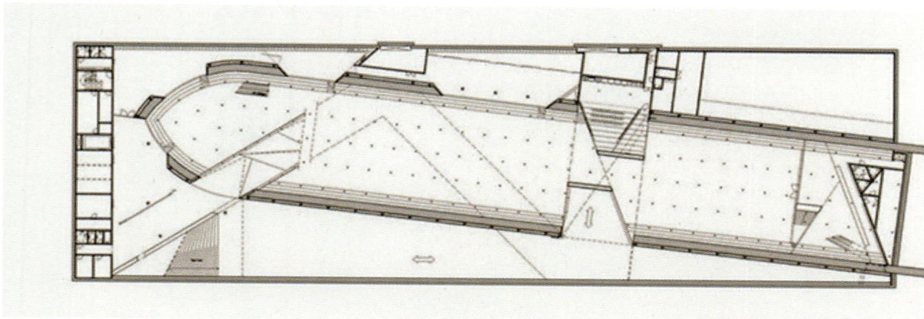

덴마크 M/S 해양박물관의 평면도

덴마크 M/S 해양박물관 건립을 위해 드라이독 주변을 굴착한 모습

페테리아, 사무실에 자연광을 들였다. 덕분에 해양박물관의 모든 공용공간과 행정기능이 전시공간과 함께 하나의 구조물 안에 입주할 수 있게 됐다.

덴마크 M/S 해양박물관을 내려다본 모습

길이가 130미터인 드라이독의 빈 공간을 횡으로 가로지르는 다리는 크론보르성 입구로 곧장 가는 일직선 보행로다. 이 다리 아래에는 바닥면이 무대를 향해 경사진 시청각실과 그 옆에 박물관의 양편을 잇는 내부 다리가 드라이독 바닥과 떨어진 채 매달려 있다. 또한 드라이독을 횡으로 두 번 횡단하며 박물관의 주출입구로 이끄는 경사로의 하부도 박물관의 양편을 잇는 내부 전시공간이 바닥에서 띄워진 채 들려 있어, 외부인 드라이독 전체는 하나의 바닥면으로 연결되어 통행할 수 있다. 이렇게 드라이독을 횡으로 가로지르는 다리와 경사로 하부는 드라이독 바닥에 닿지 않은 채 뮤지엄 양편을 내부에서 잇는 통로로, 다른 특정 용도로 사용됐다. 지상과 지하 1층에 있는 주출입구를 잇는 경사로를 오르내리며 방문객은 크론보르성과 바다의 아름다운 경관과 아래쪽의 드라이독 바닥을 보면서 현재와 과거 사이의 역동적인 긴장감

덴마크 M/S 해양박물관의 드라이독 바닥에서 본 모습

덴마크 M/S 해양박물관의 지상과 드라이독 바닥을 연결하는 계단

을 느낀다. 지상에서 종종 외부 전시공간으로 활용되는 드라이독 바닥으로 직접 오르내릴 수 있는 외부 계단도 두 개 있다. 드라이독의 빈 공간을 사이에 두고 내부와 외부에서 바닥 경사도가 다른

여러 횡단 통로를 오가는 동선은, 렘 콜하스가 로테르담에 계획한 전시공간인 쿤스탈Kunsthal, 1987-1992처럼, 방문자가 뫼비우스의 띠 속에 있는 듯한 느낌이 들게 한다.

이렇게 크론보르성이라는 세계유산의 인근에서 조금도 지상으로 돌출하지 않으려는 덴마크 M/S 해양박물관이었지만 내부 공간의 유연한 연속성과 기울어진 바닥들로 인한 역동적이고 조각적인 공간의 다양성, 큰 창들을 통해 풍부하게 유입되는 자연광의 존재, 옛것과 새것의 대비를 뚜렷하게 하는, 창문이나 진입문 등을 내기 위해 매우 주의 깊게 절개된 1.5미터 두께의 드라이독 콘크리트 벽이 드러내는 질감으로 인해 현대 건물로서의 정체성이 뚜렷하다.

근대적 상징성과 단순성 추구

20세기 초 한때 장식이 존재 근거를 잃을 만큼 공격을 당하고 타격을 입었음에도 여전히 그 필요성이 인정되는 것처럼[20] 건축에서의 상징성도 시대상황에 따라 비중은 다르더라도 건축과는 분리될 수 없는 속성 중 하나다. 오래전부터 창조력의 가장 잠재적인 형태였던 유추를 통한 형태의 완성은 창조행위의 근본이 됐다. 지역성을 참조해 상징성을 모색하되 장식적 부가물을 이용한 과거 건축의 부분적 장식보다는 기능에 충실하면서도 건축 전반에 나타나는 근대적 상징성을 추구한 사례들을 살펴보자.

아를의 푸른 하늘을 나타내는 '건축화된' 상징

형태를 우선시하고 과시하려는 건축을 혐오하며 철저하게 근대 건축의 정신을 지키는 건축가 시리아니가 아를 고대사박물관에서 삼각형이라는 선험적인 기하학을 받아들인 이유를 앞에서 살펴봤다. 아를의 고전적 환경에 동화되면서 간소한 기하학으로 현대성을 구현할 수 있다는 데 착안해 대지 형태와 프로그램의 특성을 반영함으로써 형태적·상징적으로는 물론이고 공간적으로도 의미와 타당성을 부여할 수 있었다.[21]

여기에 과거와 연계된 또 하나의 상징성이 적용되었다. '파란 박물관Musée bleu'이라는 별칭을 안겨준, 세 면의 외벽에 입힌 에말리 블루emalit bleu가 그것이다. 에말리 블루는 안쪽 면에 파란색의 에나멜이 칠해진 유리(한 판 크기 1.85미터×1.4미터)로 콘크리트 벽체와 조금 떨어져 설치되고 둘 사이에 단열재가 끼워졌다. 마감공사가 한창이던 1995년에 현장에서 습득했던 유리 파편을 재어보니 두께가 8밀리미터였다. 유리들 사이의 틈이 코킹으로 채워지지 않은 채 2센티미터씩 띄워져 설치된 에말리 블루는 건축가 시리아니가 자주 채택하는 노출콘크리트 마감으로도 충분했을 외피에서 고대 로마 건축의 빛나는 대리석에 해당하는 오늘날의 재료로 제안됐다.[22] 재료와 색의 영구성, 지중해의 지역성, 아를의 독특한 고대 로마 특성을 살리는 에말리 블루는 시리아니가 유리를 투명성 차원에서만이 아닌 단단하고dur, 완전하며fini, 기후에 잘 견디는résistant 영속성 있는 재료로 받아들였음을 보여준다.

에말리 블루의 파란색은 박물관 옆을 흐르는 론강까지 고대 로마 시대와는 물줄기가 달라진 곳에서 유일하게 변하지 않은 아를

파리 바스티유 오페라 계획을 위한 시리아니의 투시도

의 지중해 하늘을 품는다. 파란색의 과감한 적용은 시리아니가 아를 고대사박물관과 거의 같은 시기에 계획했던 파리 바스티유 오페라Opéra Bastille, 1983 설계공모전 작품에서도 나타났다. 파리의 파란색은 더 엷고 경쾌하지만, 아를의 파란색은 조금 더 강렬하고 바다색에 가깝다. 만약 시리아니가 필자에게 여러 번 말했던, 엑상 프로방스Aix-en-Provence에 있는 화가 세잔Paul Cézanne, 1839-1906의 풍경들 속에 세잔 미술관을 설계해보고 싶다는 소원을 이뤘다면, 그 경치에 적합한 보랏빛을 머금은 파란색을 택했을 것이다.

또한 아를의 파란색은 전시공간 내부에서 붉게 채색된 채 자연광의 세례를 받아 환한 큰 벽과 함께, 고대 로마의 벽들이 지금은 낡고 퇴색되어 석재의 색만 남아 있지만 과거에는 선명한 색들이 화려하게 채색되어 있었음을 상기시킨다. 에말리 블루는 천장이 모두 천창으로 열려 있어 환한 문화구역 내 갤러리의 외측 벽 안쪽 면 전체에도 설치되어 있다. 전시공간과 함께 방문자에게 개방된 공간으로서 외부 같은 내부를 지닌 도시적 건축의 면모를 드러내기 위함이다.

이렇게 부분적 상징이 아닌 건축 전반에 적용되어 건축화된 상징은 아를 고대사박물관을 설계한 시리아니의 또 다른 뮤지엄인 제1차 세계대전 역사관Historial de la Grande Guerre Mondiale, Péronne, 1988-1992

아를 고대사박물관의 에말리 블루

아를 고대사박물관 전시공간의 붉은 벽

호숫가 건너편에서 본 제1차 세계대전 역사관

에서도 보인다. 제1차 세계대전 때 유럽의 평지에 파진 1,000킬로미터가 넘는 참호에서 자주 전투가 일어났다. 이 역사관이 있는 파리 북쪽의 솜므Somme 지역은 1916년 여름과 가을에 불과 10여 킬로미터의 전선을 차지하기 위해 100만 명이 넘는 사상자가 발생한 곳이다. 이 역사관의 주변에는 제1차 세계대전 매장 및 기념지(서부 전선)Sites funéraires et mémoriels de la Première Guerre mondiale(Front Ouest)라는 이름으로 유네스코 세계유산 잠재목록 사이트에 등재된 군인 공동묘지들이 여러 곳 있다. 이 역사관의 내벽과 외벽 모두에 노출된 백색 콘크리트는 포격에 파헤쳐지고 전투를 위해 참호를 판 이 지역의 백악질 땅을 상징한다. 필로티 위에 가볍게 얹힌 흰 볼륨이라는 근대 건축의 전형적 특성을 택하면서 백색을 그 지방의 땅과 연계시킨 것이다.

아를 고대사박물관이나 제1차 세계대전 역사관에서의 이런 상징성은 눈길을 끌기 위해 특정 부분에 장식물을 덧붙이거나 치장하는 고전적인 장식과는 다르게 건물 전체에서 통합된 인상을 이끌어내는 데 기여한다. 제1차 세계대전 역사관의 백색 콘크리트는 이곳이 전쟁의 참화를 보여주는 전쟁기념관Mémorial이 아닌 '평화의 작품Oeuvre de paix'이 돼야 한다는 설계지침서에 호응한다. 필로티 위에 올라선 긴 수평성도 평화로움을 드러냈다. 수평성은 고요함을 의미하며, 고대 그리스 신전들처럼 고요함을 일깨우는 순간 위대한 고전적 전통 속에 자리 잡게 된다. 백색의 콘크리트 벽면에 꽂혀 호숫가에서 그 위에 이끼가 끼기를 기다리는 백색 대리석 실린더들은 전쟁 중 희생된 주변 군인 공동묘지의 하얀 십자가를 떠올리게 한다.

제1차 세계대전 역사관의 남측 입면. 필로티 위에 들려 있는 제3전시실(좌) 볼륨과 제4전시실(우) 사이에 참호를 상징하는 틈이 있다.

이 역사관 역시 가장 근대적인 건축의 모습이면서도 설계 대지에 포함된, 6세기부터 프랑스 역사에 등장하는 중세성 페론Péronne성과의 완벽한 교감으로 높은 완성도를 보인다.[23] 공모전 때의 다른 제안들은 제1차 세계대전 때 독일군의 지휘소로 사용되면서 이미 상당히 파괴된 중세성 안에 많은 변화를 가하면서 들어앉는 것으로 계획됐었다. 심지어 성벽 위에 파일을 박아 그 위에 뮤지엄을 들어 올리는 제안도 있었다. 반면에 당선작인 시리아니의 계획안은 중세성의 정문을 주 입구로 삼으면서 본체는 성 뒤쪽 바깥

제1차 세계대전 역사관 설계경기를 위한 시리아니의 도판1. 배치도와 남측 입면의 초기안이 그려져 있다.

제1차 세계대전 역사관의 환대공간으로 사용되는 페론성의 안뜰

호숫가와의 사이에 있는 좁은 땅에 놓아 중세성의 변화를 최소화했다. 그 결과 역사관이 주 진입로인 성 앞 광장에서 전혀 보이지 않지만, 건축가는 개의치 않았다. 당선 통보 편지에 역사관의 존재가 좀 더 눈에 띌 수 있는 방안을 찾아보라는 코멘트가 붙을 정도로 감춰졌지만, 시리아니는 신출내기 역사관을 근사하게 드러내기보다는 제1차 세계대전을 겪으면서 1,230여 채의 주택 중 100여 채만 겨우 남은 페론에서 크게 훼손된, 프랑스 역사에 기록된 여러 사건이 일어난 중세성을 존중하면서 옛것과의 화목에 주력했다.

현대적 특성으로서의 단순성

로마게르만 박물관과 카레 다르는 둘 다 조형성을 억제한 단순한 육면체 볼륨으로 존중해야 할 과거의 걸작 옆에 차분히 자리 잡았다. 이웃 건물의 높은 역사적 가치를 훼손하지 않으면서 현대 건축물로서의 위상을 견지한 것이다. 둘 간의 다른 점이 있다면 로마게르만 박물관은 불투명하고 무겁게 보이는 단순 볼륨이 필로티 위에 가볍게 얹힌 형상이라면, 카레 다르는 4면이 유리로 마감되어 가볍게 보인다는 점이다. 이 차이점은 인접한 문화재의 규모와 성격의 차이에서 이유를 찾을 수 있다.

막중한 무게감에도 불구하고 쾰른 대성당의 하늘로 치솟는 상승감과 정교한 디테일의 위용은 이웃에 들어서는 현대 건물의 입장에서 감당하기 힘들다. 근대 건축에서 벽이 아닌 기둥이 건물의 하중을 받음으로써 이동 가능한 칸막이로 공간구획을 마음대로 할 수 있게 된 '자유로운 평면plan libre' 형식과 앞서 설명된 필로티라는 전형적인 르코르뷔지에 방식의 근대성은 이 어려운 과제를 푸는 뜻밖의 해법이었다. 게다가 앞서 본 것처럼 '무한성장박물관' 개념에 따라 이미 완공된 르코르뷔지에의 두 뮤지엄이라는 든든한 전례도 있었다.

건축가는 대지에 굳건하게 뿌리를 내린 채 하늘로 치솟은 대성당과 대비되는 모습에서 대성당에 대들지 않고 주눅도 들지 않을 방안을 모색했을 것이다. 로마게르만 박물관은 대성당과 달리 평탄하고 불투명하며 수평적인 상자가 땅에서 들려 있다. 들린 상자의 하부인 필로티라는 빈 공간의 에너지를 사용해 존재의 무게를 잊으려는 시도는 역설적으로 보이지 않는 중력의 존재를 감지케 한다. 길고 평탄하며 불투명한 석재 외피는 쾰른 대성당의 수직적이고 요철이 두드러진 외관과 극적으로 대비된다. 들린 불투명한 면의 수수한 수평선들과 유리로 모두 열린 1층의 4면은 이곳이 현대 뮤지엄의 면모를 갖추었음을 보여준다. 르코르뷔지에는 철근콘크리트 구조에 의해 가능해진 새로운 구축방식이 가져온, 필로

로마게르만 박물관의 서측 주입면

티 위에 들린 상자 하부의 긴 수평선을 "건축 밑면의 완전무결한 선"[24]이라고 묘사했다. 로마게르만 박물관은 이렇게 전형적으로 근대적인 양식 안에 고대 로마부터 고딕까지의 유물을 담아 쾰른 역사의 합류점이 됐다.

카레 다르도 앞에 있는 메종 카레는 물론이고 옆과 뒤에 있는 전통 주거건물들과 경쟁하거나 갈등을 일으키지 않는다. 앞에서 설명한 것처럼 높이의 절반을 지하로 내렸기 때문이기도 하고, 간소한 상자형으로 무게감이 없는 유리 건물이어서 그렇기도 하다. 카레 다르의 대지는 극장이 소실되고 한동안 빈 터로 남아 있던 곳이어서, 그곳에 물성이 약한 건물이 들어서면 도시 밀도가 주는 심리적 부담을 경감시키는 데 도움이 될 터였다. 카레 다르 앞에 있는 메종 카레는 쾰른 대성당과는 달리 크지도, 높지도, 수직적이지도 않다. 따라서 새로 들어서는 카레 다르가 오히려 2천 년간 그 자리를 지킨 메종 카레를 위협하는 존재가 될 수도 있었다. 하지만 단순하고 가벼운 이미지인 유리 외피가 그럴 수 있었던 우려를 잠재웠다. 외부를 얇고 투명한 유리로 둘러싸는 선택은 평소 기술 지향적인 유리 건축을 선호하는 포스터에게는 쉬운 결정이었을 것이다.

신축 건물이었으므로 일반적인 조건이었으면 포스터는 늘 하던 대로 철골 구조를 택했을 것이다. 하지만 철골 부재를 공급받기가 거리상 어려운 남부 프랑스의 지역적 제약 때문에 포스터는 인근에서 구하기 쉬운 철근콘크리트 구조에 만족해야 했다. 이런 상황에서 유리 외피는 사실 철근콘크리트 구조이면서 마치 철골 구조처럼 여겨지게 하는 데 유용하다. 유리상자인 카레 다르는 현

카레 다르와 그 주변

대 건축의 밝고 투명하고 가벼운 이미지를 지닌 채 메종 카레를 비롯한 이웃들과 원만한 관계를 누린다. 이렇게 기하학적 단순성을 바탕으로 한 근대적 특성을 따름으로써 시간의 흐름을 자연스럽게 보여주고 조화로운 대비를 유도해 이웃한 문화유산과의 공존이 전혀 어색하지 않은 사례는 존중해야 할 과거의 흔적 안에서도 현대적 제안이 얼마든지 가능함을 보여준다.

모던 이후post-modern 접근 속의 현대성

고전적 건축과의 공조共助

고전적 의장 요소 차용과 확연한 현대성

유럽의 유네스코 세계유산 인근에 자리 잡은 뮤지엄들에서 흔할 것 같은, 의미형태론적 측면과 지역문화와의 연속성을 위해 역사와 전통 참조를 중시하는 포스터모던적인 접근은 신축 뮤지엄에서 의외로 거의 없다. 그럼에도 이런 접근법이 많을 것처럼 여겨지는 이유는 다른 용도로 쓰였던 유럽의 많은 옛 건물들이 뮤지엄으로 개조됐기 때문이다. 국립 로마미술관은 그 자리에 오래 서 있던 기존 건물이 현대 뮤지엄으로 탈바꿈한 것 같은 오해를 살

만큼 구조 체계와 재료, 공간성에서 과거와 닮은 포스터모던적인 접근법을 택한 드문 경우다. 하지만 그곳이 현대 건물임을 알려주는 힌트는 곳곳에 있다.

이 미술관은 고대 로마의 바실리카 유형 위에서 근대적 감각을 덧입었다. 아래층의 막다른 전시공간이나 2층 전시공간에서 아치가 연속적으로 뚫린 방향으로의 장면은 고전적이다. 반면에 이 미술관의 가장 큰 특징인 아치가 뚫린 벽돌쌓기는 로마적이면서도 그 형상과 완벽한 한결같음에서 둔탁한 고대 로마 건축의 구조체와는 명백하게 다른 특징을 보인다. 거기에 넘쳐나는 자연광도 과거와의 다름을 부각시킨다.

위층 전시공간은 길게 개방된 중앙 홀nave을 따라가는 고창층

국립 로마미술관의 1층 전시공간

국립 로마미술관에서 아치가 연속적으로 뚫린 2층 전시공간

clerestory 발코니를 전시공간으로 대체한 것이다. 하지만 고전 건축의 고측창을 통한 희미한 채광과 달리, 가느다란 아치들 사이에 있는 천창에서 유입되는 자연광은 고풍스러우면서도 현대적인 건물의 공간을 환하게 밝힌다. 이 미술관을 설계한 건축가인 라파엘 모네오의 프리츠커 건축상Pritzker Architecture Prize[25] 수상 기념 회고전 때 이 미술관에 대해 "계속 변하는 금빛 물결인 이곳 내부의 일광 처리는 능숙하다. 이 빛은 전시 중인 고대 유물의 그림자 같은 창백함과 대조를 이룬다."는 논평이 있었다.[26] 이 미술관의 주의 깊고 의도적인 일광 조절이 과거 건축의 체계 속에서 모네오 작품의 현대적인 정체성이 드러남을 확인시켜준 것이다.

국립 로마미술관의 전시공간에 풍부하게 유입되는 자연광

국립 로마미술관의 구석진 전시공간까지 밝히는 자연광

국립 로마미술관의 수직적 요소들이 보여주는 질감에서 고대 의장의 주요 요소들을 포용력 있게 도입하면서도 그것들을 맹목적으로 모방하거나 풍자적으로 복원한 것도 아닌 방식으로 역사성과 근대성을 동시에 도모한 것이 엿보인다. 이 미술관의 정문 위와 전시공간 내부 아치의 세 겹 띠는 고고학적 대지에서의 전체성을 약속하는, 길 너머에 있는 메리다 로마 극장 아치를 암시한다. 정밀하고 율동적이며 정교한 눈금이 있는 폭이 좁고 긴 벽돌들은 윤기 나는 금속 핸드레일과 위층의 떠 있는 콘크리트 슬래브들과 짝을 이뤄 최신 건물들에만 있는 세련됨을 일깨운다. 그러면서 구조의 단순성과 그것의 명백한, 고대 로마 선례에의 호소는 시간을 초월한 뭔가를 느끼게 한다. 여기서 형태와 재료는 과거와 현재 모두를 연상시키며 오늘날의 고고학 박물관으로 기능한다.

국립 로마미술관의 정문 디테일

고전적이면서도 현대적인 면모를 드러내는 국립 로마미술관의 전시공간

고귀한 단순과 고요한 위대

현대 뮤지엄에서의 고전적 이미지는 유리 외피를 입은 상자형의 카레 다르에서도 감지된다. 고전성은, 국립 로마미술관처럼 건립 시기를 불문하고 고대 그리스나 로마 건축을 직·간접적으로 참조한 때도 그렇지만, 카레 다르처럼 플라톤적인 '고귀한 단순과 고요한 위대edle Einfalt une stille Grösse'[27]를 추구할 때도 발현되기 때문이다. 주변 건물과 높이를 맞추고 최대한 단순하고 비물성적인 모습으로, 유리 외피에서 돌출된 흰색의 격자형 창틀로 인접한 석조건물들의 입면 패턴과 조화를 추구한 카레 다르에서 가장 중요한 내부 전시공간도 고전적이다.

외형적으로는 카레 다르가 런던의 수정궁Crystal Palace, J. Paxton, 1850-1851과 베를린 신新국립미술관Neue Nationalgalerie, Mies van der Rohe, 1965-1968, 파리 퐁피두센터의 계보를 잇는, 유리로 둘러싸인 철골 구조에 '보편적 공간Universal Space'이라는 근대적 공간 속성을 지닌 뮤지엄 같다. '보편적 공간'은 르코르뷔지에와 함께 또 한 명의 근대 건축 거장인 미스 반데어로에Mies van der Rohe, 1886-1969의 후기 작품에 나타나는 공간 개념이다. 미스는 시간이 지나면 건물의 기능은 바뀔

수 있으나 구조는 남는다면서 구조를 기능보다 중시했는데, 그렇다고 기능을 무시한 것은 아니었다. 오히려 기능주의를 극단으로 몰면서 건축적 순수성에 이르고자 했다. 미스는 건축이 가장 높은 정신적 존재의 수준, 즉 순수한 예술의 영역에 이를 수 있다고 봤는데, 그에게 순수한 예술의 영역은 순수미의 세계였다. 건축의 미는 기능을 초월한 어떤 것이며 건축은 내구적이므로 새로운 기능에 적응해야 한다면서 아무 기능이 없는 건축이 가장 기능적이라고 주장했는데, 이것이 '보편적 공간'의 본뜻이다.

1851년 런던에서 개최됐던 첫 국제박람회의 전시장인 수정궁

퐁피두센터와 그 앞 광장

하지만 외형과 달리 카레 다르는, 앞서 거론된 것처럼 철골 구조가 아닌 철근콘크리트 구조로 지어졌다. 또한 이곳의 전시공

베를린 신국립미술관의 외관

카레 다르의 내부 전시공간

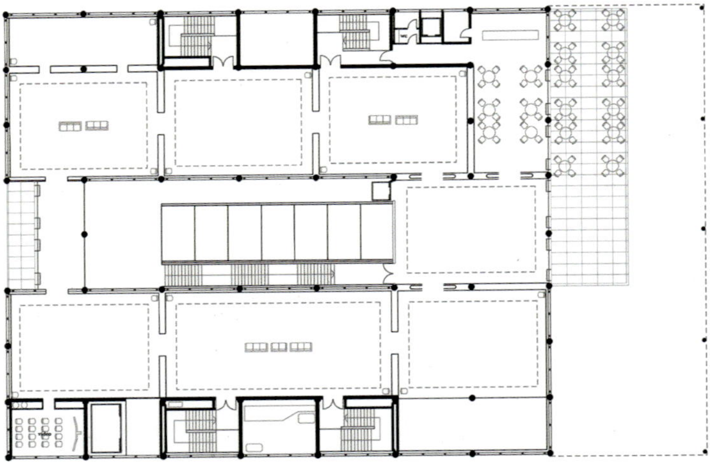

카레 다르의 최상층에 있는 전시실 평면도

간은 지하 2층까지 자연광을 들이기 위해 중심부를 비운 아트리움의 가장자리를 따라가며 일련의 전시실들이 배치됐고, 각 전시실을 잇는 개구부가 중심축에 위치해 일방향성의 고전적인 분위기를 드러낸다. 기둥과 설비시스템을 안에 감춘 두 겹의 백색 칸막이들이 전시실들을 적당한 크기로 구획하며 작품을 거는 전시용 벽으로 제공된다. 이 전시실을 구획할 뿐인 칸막이벽들은 건물의 무게를 받치는 내력벽이 아님에도 마치 내력벽처럼 보여 벽 대신 기둥이 하중을 받는 칸막이를 이용해 공간구획을 자유롭게 할 수 있는 근대적 공간성이 느껴지지 않는다. 방문자들이 유리 건물 안에 들어와 있음을 잊게 하는 이곳 전시공간은 "나는 개인적으로 중성적인, 가능한 한 부재不在한 건물을 만든다. 전시실은 자체의 건축에 간섭받지 않아야 한다. 그것은 회화와 조각, 모든 종류의 설치작품 등을 보여주기 위함이지 건축을 보이기 위함이 아니다."[28]는 건축가 포스터의 의도가 낳은 산물이었다. 아이러니하게도 뮤지엄에서 가장 중요한 전시공간에서 감지되는 고전성이 그 안에 전시된 현대적인 설치예술품들의 전위성을 오히려 부각시킨다.

현대 철학의 건축적 반영

하나의 텍스트가 의미의 그물망 속에서 여러 개의 복합적 텍스트들의 관계 안에서 의미가 발생한다고 본 정신분석학자 크리스테바J. Kristeva, 1941-의 '상호 텍스트성' 이론, 근대적인 동일성보다는 차이가 앞서며 이 순수한 차이들의 운동 속에서 동일성이 발생한다고 본 철학자 들뢰즈의 '차이' 개념 같은 현대 철학에 관심을 가진 건축가들은 현대 건축과 현대 사회에서의 이질성과 복합성을 주목하면서 자신의 건축에 반영했다. 그들이 유네스코 세계유산 가까이에 현대 뮤지엄을 신축하는 과업을 맡았을 때의 대응은 어떠했을까 궁금하다.

해체된 관계의 변형을 통한 다의적 장소성 추구

세 권의 책이 포개진 채 눕혀져 있는 듯 세 개의 수평적이고 단순한 육면체가 하단 두 볼륨에서는 기존 가로를 따라, 최상부 볼륨이 파르테논 신전과 나란히 위치한 뉴 아크로폴리스 박물관의 모습은 역사적으로 중요한 마크리아니Makryiani 지구의 고전적 환경 안에서 혼성적이다. 근대 건축의 형태, 기능, 통접conjonction에 대한

뉴 아크로폴리스 박물관의 외관

대안으로 이접disjonction과 이질성의 문제를 실험하고 작업한 건축가 추미는 도시적 충격, 충돌, 이접 같은 단편과 혼란이 오히려 도시문화의 활력을 가져올 수 있다고 믿었다. 기존의 일반적인 건축형태와는 구별되는 이 뮤지엄의 차별성은 존중의 대상인 아크로폴리스에서 포착한 명확한 표현으로 이룬 통일성, 빛과 그림자의 조형물로 결정화된 첨예한 순간이 빚은 무오하고 준엄한 윤곽, 수학적 질서가 주는 감동을 뮤지엄 프로그램의 공간적 중첩을 통해 재해석함으로써 새로운 관계를 설정한 데서 비롯됐다.

발굴지 위에 박힌 100개가 넘는 콘크리트 기둥들 위에 얹힌 이 박물관의 기단부는 로비, 임시 전시공간, 뮤지엄 숍과 기타 보조시설들을 품은 채 아크로폴리스의 경사지에서 발견된 유물들을 전

뉴 아크로폴리스 박물관의 전시공간

뉴 아크로폴리스 박물관의 전시공간

시한다. 그곳의 긴 장방형 홀 바닥은 아크로폴리스의 바위를 오르는 길처럼 기울어져 있다. 그 위의 10미터 층고를 가진 사다리꼴 홀은 그 안 메자닌 층에 바와 레스토랑, 멀티미디어 공간과 함께 고대부터 후기 로마 시대까지의 유물들을 전시한다. 후기 시대는 꼭대기 층의 파르테논 갤러리를 방문한 후 내려오면서 보게 되어 있어 연대기적 관람 순서를 취한다.

이 뮤지엄에서 보이는 '쌓기empliement'는 2000년대 초기에 나타난 건축 개념 중 하나다. 스위스의 두 건축가 헤르초크와 드 뫼롱J. Herzog & P. de Meuron이 함께 설계한 비트라 하우스Vitra Haus, Weil am Rhein, 2005-2009나 악텔리온 비즈니스 센터Actelion Business Center, Allschwil, 2005-2010에서 중첩되어 쌓인 여러 요소 각각은 단순하고 닮았다. 뉴 아크로폴리스 박물관도 그렇다. 쌓기에서 각 요소가 복잡하거나 서로 다른 모양이라면 전체는 통제 불능이 될 터이다. 뉴 아크로폴리스 박물관과 다른 점이라면, 비트라 하우스와 악텔리온 비즈니스 센터에서는 닮은 요소들이 미카도mikado의 놀이[29]처럼 거의 무작위적 방식으로 겹쳐 축적됐다는 것이다. 여기서 구축 논리를 이해시키려는 노력은 의도적으로 철저히 배제됐다. 이 두 건물은 주변에 반드시 고려해야 할 이웃이 없어 자유로울 수 있었다. 이때 쌓기는 궁극적으로 이미지로만 존재하며, 즉각적 인지와 효과를 기대한다. 반면에 뉴 아크로폴리스 박물관에는 아크로폴리스 언덕이 있었고 구시가지의 기존 질서가 있었다. 세 권의 누운 책이 도시와 아크로폴리스를 존중함으로써 구축 논리가 동의를 얻을 수 있었다.

악텔리온 비즈니스 센터, 헤르초크와 드 뫼롱, Allschwil, 2005–2010

아크로폴리스와 현대 아테네 시가지까지 주변을 360° 파노라마로 볼 수 있는 최상층 파르테논 갤러리는 아래 볼륨에서부터 추구해온, 검소한 수평선과 단순한 볼륨 안에 전시물을 감상하는 데 집중하도록 의도적으로 장식을 배제한 작품 의도를 다시 한 번 극

비트라 하우스, 헤르초크와 드 뫼롱, Weil am Rhein, 2005–2009

칼 앙드레의 조각품 Still Blue Range, 1989

명하게 드러낸다. 이것은 쌓기 방식이, 각 요소가 단순했던 것과 같이, 미니멀리스트minimalist의 문제의식과 관련 있음을 보여준다. 미니멀리즘 조각가 도날드 저드Donald Judd, 1928-1994를 포함한 미니멀리스트들은 쌓기의 형태와 쌓인 오브제들의 형

뉴 아크로폴리스 박물관의 파르테논 갤러리

태 사이에 관계가 필요함을 내세웠다. 특히 벽돌이나 목재, 널빤지들을 축적entassements 또는 중첩superpositions시켰던 조각가 칼 앙드레Carl Andre, 1935-의 방식이 그러했다. 앙드레는 우리가 즉각 이해할 수 없거나 인위적 수단에 호소하는 조립의 결과가 되어서는 안 된다면서 자신의 작품에서 동일한 요소들을 내재적 성격에 의거해 모으거나 결합해 하나의 전체를 형성했다.[30]

이렇게 조각품에서 요소들이 내재적 법칙에 따라 결합되듯이 뉴 아크로폴리스 박물관은 각 요소가 담고 있는 프로그램과 주변 환경이 조응해 결합됐다. 그 결과 엇갈린 볼륨들이 마치 형태를 해체한 것 같으면서도 이 박물관의 근원에 최대한의 존경을 표하고 각 볼륨의 서로 다른 프로그램의 공간적 조직을 중첩시킴으로써 해체된 관계의 변형을 통해 다의적 장소성을 찾았다.

현대 철학으로 소화한 과거 문화

아를의 구도심 이웃에 건설된 루마 아를은 '과연 고대와 중세의 모습을 간직한 곳에 이웃한 건물로 가장 합당한가?'라는 의문이 들 수도 있을 만큼 익숙하지 않은 모습이다. 건축가가 발상의 근거를 아를의 고대 로마 원형극장과 아를에서 많은 작품을 남긴 반 고흐의 그림, 주변에서 흔히 볼 수 있는 암벽의 형상, 젊었을 때 아를을 처음 방문했을 때 얻은 인상 등에서 찾았음을 앞서 확인했다.

루마 아를의 타워 외관

파편화된 조형성이 돋보이는 게

슬뤼테르의 조각상들에 보이는 옷의 주름

리 작품의 철학적 배경으로 프랑스 철학자 들뢰즈의 '주름pli' 개념이 자주 등장한다. 빠르게 변모하는 세계 인식을 예민하게 포착해 현실에 반영하기 위해 종합적·함축적으로 설명해줄 수 있는 철학적 개념에 주목하고 거기서 다양한 영감을 이끌어 내려 하는 것이다.[31] 게리는 자신의 작품들에 자주 등장하는 물결치는 외피의 출처로 어려운 철학적 근거를 내세우기보다는 14세기에서 17세기 사이에 제작된 회화와 조각품에서 보이는 긴 옷이나 머리 또는 어깨에 쓰는 천의 주름을 거론하며 쉽게 설명한다.[32]

루마 아를 타워의 외부 디테일

실제로 그는 많은 예술가와 긴밀한 관계를 유지하며 그의 작품에 나타나는 물성과 장소성을 자신의 작업에 반영해왔다.

루마 아를의 뒤틀린 타워는 물질의 존재 방식, 운동과 시간, 그리고 인간 존재와 세계라는 관점에서 설명할 수 있는 주름 개념을 아를에 맞춰 번안한 결과다. 게리는 구겐하임 빌바오 미술관에서는 티타늄을, 창조를 위한 루이비통 재단Fondation Louis-Vuitton pour la création, Paris, 2006-2014에서는 적층 유리패널로 물결치는 표피를 만들었다. 하지만 프레데릭 와이즈만 미술관Frederick R. Weisman Art Museum, Minneapolis, 1990-1993, 오오키프 미술관Ohr-O'keefe Museum of Art, Biloxi, 2004-2010과 마르타 헤르포르트MARTa Herford, Herford, 1998-2005에서는 루마 아를에서도 쓴 스테인리스스틸을 뮤지엄의 운동감 있는 외피로 사용했다. 다른 점이 있다면 이 뮤지엄들에서 굽이치는 다수의 널찍한 면들이 겹치면서 외관을 이뤘다면, 루마 아를에서는 얇고 짧은 11,000개의 수평적인 띠 같은 스테인리스스틸 파편들이 각자 다른 높이와 각도로 뒤틀리며 외피를 형성했다는 것이다. 이 외피에서 서로 다른 각도로 반사되는 오후의 빛은 반 고흐의 '별이 빛나는 밤'에서 휘몰아치는 어두운 하늘의 운동감 속에서 반짝이는 별

적층유리패널로 물결치는 루이비통 재단 외관

마르타 헤르포르트의 외관

루마 아를의 투명한 기단부

을 건축적으로 표현하는 절대 쉽지 않은 과제를 해체주의적 방식으로 풀어낸 것으로 공감을 구한다.

루마 아를의 현대성은 이렇게 타워의 상층부에서뿐만 아니라 원통형의 하층부에서도 찾을 수 있다. 기단 위에 타워가 올라서므로 형식적으로는 고전적이다. 하지만 참조한 로마 원형극장과 달리 이 원통형 기단이 유리로 싸여 있어 가볍고 투명해 과거의 육중하고 폐쇄적인 고전적 기단과는 다르다. 게다가, 앞서 제시된 사진에서 확인할 수 있는 것처럼, 스테인리스스틸을 입은 상층부가 기단 위에 얹혀 거기서부터 상승한 것이 아니라 기단 내부의 지면에서부터 출발해 기단부를 뚫고 상승하는 것이 기단부의 투명한 유리 외피를 통해 보여 상하부 볼륨의 상호 관입과 내외부의 뚜렷한 연계성, 기단부 내부의 현대적 공간성 등 과거 건축과는 구별되는 특성이 확연하다.

건축가 게리는 이 프로젝트가 자신의 건축적 접근 방식의 진화에 적합하지 않고 일회성이었다고 고백했다.[33] 지금까지의 작업 방식에서 일탈한 면이 있다는 뜻인데, 하단에 원통형 볼륨을 도입해 고전 건축의 기단부를 연상시키는 것부터 게리 작업으로서는 이례적이었다. 늘 애용하던 굽이치는 큼직한 면들이 아닌 조각난 수평적 띠들의 조합으로 표면의 운동감을 드러낸 것도 처음이다. 게리는 인종적인 다원주의와 도시적 무상성으로 인한 끊임없는 변화를 보여 규준에서 자유로운 비규준의 세계가 된 로스앤젤레스에서 살고 작업하면서 주변 환경의 틀 속에 갇히지 않고 유형학적 범주를 넘어서서 한시성, 무상성을 건축으로 표현해온 건축가다.[34] 늘 새로운 것을 시도하는 게리는 처음 경험한 유네스코 문화유산 옆에서 고전적인 형식을 차용하고 오래된 이웃의 역사와 예술과 자연에서 모티프를 포착한 후 건축가 자신에게도 익숙하지 않았던 방식을 적용한 루마 아를을 통해 역사 속에 잠겨 있던 아를을 드높아진 예술적 위상을 누리는 다음 시대로 밀어붙이고자 했다.

전통 도시에서의 미래 지향성 제시

여기서 앞서 몇 번 거론된 그라츠 미술관의 탈근대성에 대해 잠깐 살펴보고자 한다. 서울 동대문의 역사적 지역에 불시착한 우주선 같은 동대문디자인플라자DDP, Zaha Hadid, 2019-2014보다 시기적으로 먼저 그라츠의 구도심에 내려앉은 유선

동대문디자인플라자의 외관

형의 비정형적인 이 미술관의 유래를 이해하기 위함이다.

그라츠 미술관의 건축가 피터 쿡은 1960년대 건축계를 뒤흔든 신미래주의 아방가르드 건축 그룹인 아키그램Archigram(Architecture와 telegram을 합친 신조어)의 주동자였다. 그가 1964년에 주창한 '플러그인 시티Plug-In City' 개념은 지금까지도 기술과 사회에 대한 논쟁을 불러일으키며 오늘날 건축 담론의 표준에 도전하고 있다. 지어지지 않은 많은 계획안으로 국제적 명성을 쌓았던 쿡에게 그라츠 미술관은 자신의 급진적인 아이디어를 대중에게 전달하는 기회가 됐다.

소장품도 상설 전시공간도 없이 건축, 디자인, 뉴미디어, 인터넷 예술, 영화, 사진 등이 한 지붕 아래 하나로 뭉친다는 개념으로 기획전시만 하는 그라츠 미술관의 특이한 BIX 파사드는 건축과 뉴미디어의 독특한 융합을 상징하며 베를린 건축가들인 "현실:

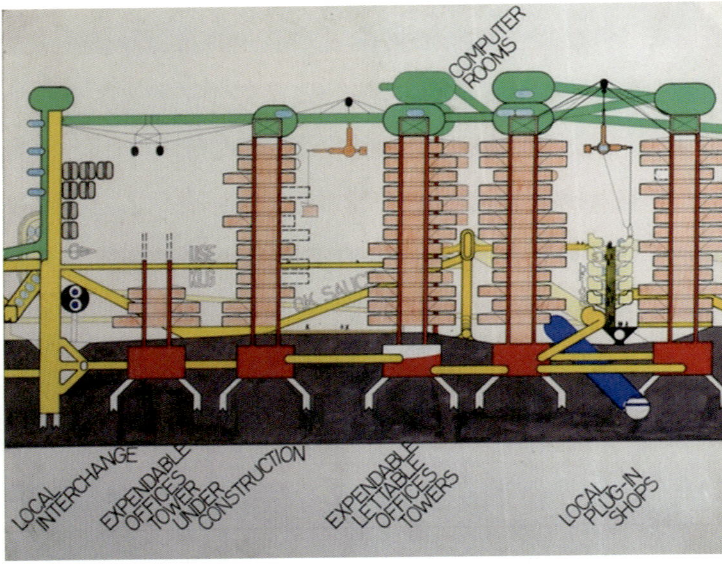

아키그램의 '플러그인 시티' 계획안

연합realities: united"의 개념에 기반을 두고 있다. 베를린에서 초학제적인 예술 단체인 "예술과 기술Kunst und Technik, 1997-2000"의 공동 창립자였던 얀과 팀 에들러 형제brothers Jan and Tim Edler는 2000년에 "현실: 연합"을 "예술과 건축을 위한 스튜디오"로 설립했다. 이 팀은 전 세계적으로 건축과 도시 스케일의 예술과 하이브리드 설치예술을 시작하고 실현해 국제적 명성을 얻었는데, 그중 초기 작품이 그라츠 미술관에 적용된 조명 및 미디어 파사드인 BIX다.[35]

그라츠 미술관의 BIX 파사드

Big과 Pixel이 결합된 신조어인 BIX는 그라츠 미술관에서 각각의 밝기가 조정될 수 있는 930개의 형광등으로 구성된 건물 동편의 아크릴 유리 피부로 번안됐다. 이 파사드는 초당 20장면을 보여줄 수 있는 '커뮤니케이션 디스플레이 스킨'으로서 영화와 애니메이션을 위한 대형 스크린으로 사용될 수 있다. "건축은 서정적, 기술적, 기계적이며, 게다가 약간 괴기스럽기까지 한 것이다."[36]라고 말하는 쿡이 이 미술관에서 미끄러지고 떼를 지어 모여 있고 으스스한 것에 대한 그의 애호를 표현했다. 그라츠 미술관의 외관 형태와 외부 마감 재료 및 디테일이 등장한 배경이다.

기존 도시와의 맥락적 조화 같은 의도는 처음부터 없었던 아키그램은 대신 미래를 위한 디자인에 관심을 가진 건축가들에게 영감과 동기를 부여하는 작업들을 선보였다. 플러그인 시티 같은 제

아키그램의 '걷는 도시' 계획안

아키그램의 '인스턴트 도시' 계획안

안은 도시에서 인프라의 역할에 대한 전통적인 인식을 뒤집어 도시화에 대한 새로운 접근 방식을 선보였다. 이 도발적인 프로젝트는 중앙 인프라 메가 머신에 '연결'되는 모듈형 주거 단위를 포함하는 가상의 환상 도시를 꿈꿨다. 플러그인 시티는 사실 도시가 아니라 거대 크레인으로 움직일 수 있는 주거, 교통 및 기타 서비스를 통합하는, 끊임없이 진화하는 거대 구조물이었다. 불완전성의 미학을 지닌 채 '걷는 도시Walking City'나 '인스턴트 도시Instant City' 같은 아키그램의 다른 프로젝트들과 함께 유목적인 삶의 방식과 더 중요하게는 도시 교외의 생활 방식suburbia이라는, 기존의 모더니즘적인 대답으로부터의 탈주와 해방을 기대했다.[37]

아키그램의 비전은 새로운 세대의 건축가들에게 영감을 주는 데 부분적으로나마 성공했다. 앞서 언급된, 센 강변의 유네스코 세계유산 보호구역 바로 바깥인 파리 구도심에 '창자가 튀어나온 건물'이라는 달갑지 않은 별명을 얻었던 퐁피두센터 같은 뮤지엄이 실현된 데는 아키그램의 계시가 큰 역할을 했다. 그동안 감춰졌던 각종 배관과 구조체 같은 건물의 인프라 요소를 밖으로 드러내고

각종 배관이 노출되어 정유공장 같아 보이는 퐁피두센터의 도로 측 외관

내부에서도 각종 배관이 노출된 퐁피두센터

전통적인 건축 위계를 뒤집자는 급진적인 제안이 국제공모전에서 당선됐을 때는 무명의 젊은 건축가들이었지만 후일 현대 건축의 주요 인물로 성장한 리처드 로저스와 렌조 피아노를 자극한 것이다.

전 세계에서 제출된 681개의 공모안 가운데 로저스와 피아노의 제안이 당선될 수 있었던 데도 심사위원장 장 프루베Jean Prouvé, 1901-1984 같은, 아키그램의 실험 정신에 공감하는 이들이 심사에 참여했기 때문이다. 프랑스의 금속 공학자이자 독학한 건축가, 디자이너였던 장 프루베는 르코르뷔지에로부터 건축과 공학을 융합한 건축가라는 평가를 받았다. 그의 주요 업적은 미적인 품질을 잃지 않으면서 제조업 기술을 산업에서 건축으로 이전한 것이었다. 그는 건축 디자인, 산업 디자인, 구조 디자인, 가구 디자인 등 다방면에 관여했다.[38] 로저스와 피아노는 심사위원들의 면면을 보고 도전하고 싶은 욕구가 발동했다고 토로한 바 있다. 자신들의 과감한 제안이 받아들여질 가능성을 본 것이다. 장 프루베 같은 인물이 심사위원이 아니었다면 로저스와 피아노의 도전은 없었을 것이며, 오늘날 퐁피두센터는 전혀 다른 모습으로 서 있을 것이다. 1962년부터 1968년까지 집권했던 프랑스 대통령 퐁피두의 이름을 따서 20세기와 21세기의 문화에 헌정되는 공간의 아이디어를 품었던 파리 퐁피두센터가 그랬던 것처럼, 그라츠 미술관도 2003년 유럽 문화의 수도가 된 그라츠가 과거와 현재뿐 아니라 미래도 준비하고 있음을 보여주고자 했다.

현대 건축의 혼성적 면모 표출

근대적 정신의 순수미학을 바탕으로 한 백색 상자white cube의 중립적·합리적 장점을 간직하며 명료한 형태를 지닌 로마게르만 박물관의 경우와는 반대로 포스터모더니즘의 영향으로 상징적·은유적·수사적·해설적 기법이 가미되어 구성에서 복합적 성향을 보이는 뮤지엄들이 있다. 이때의 뮤지엄은 형태나 공간, 재료의 분절화를 통해 갖가지 단편을 모아 제시함으로써 대중 친화적이 된다. 뮤지엄을 고급문화의 성채에서 내려오게 하면서 대중성을 북돋우는 것이다. 여기에 속하는 케브랑리 박물관에서 보이는 팝아트, 패러디, 콜라주 기법은 에펠탑과의 연관성 중에서도 이 박물관의 현대성을 돋보이게 한다.

'민족학을 위한 건축적 이국정서'로 해석되기도 하는[39] 케브랑리 박물관에서는 근대성의 근본적 표현으로 자주 내세웠던 과묵함에서 벗어나 다색채의 잡종적이고 혼성적이며 유쾌하기까지 한 효과가 읽힌다. 건축가 장 누벨의 건축 특성으로 잘 알려진, 각 작

케브랑리 박물관의 다색채의 잡종적이고 혼성적인 모습

품에 새로운 표현형식을 도입한 기발한 방법이 적용되어 눈길을 끌며 극적인 효과를 보여준다. 이 박물관의 생태학, 녹지 공간, 빛의 유희, 거친 재료와 하이테크 재료의 순차적 적용에는 이 박물관에서 기술적 태도로 근대주의의 합리적 개념을 발전시키려는 신생산주의적neo-productivist 태도[40]가 느껴진다. 또한 공간과 형태구성 수법으로서 모양이나 색채의 효과를 노린 겹치기layering, 슈퍼그래픽, 중첩 등을 사용해 공간의 다의성을 높이려는 포스터모더니즘의 성격이 공존한다. 센강의 나무가 늘어선 제방, 가로수길과 함께 큰 유리 스크린, 박물관 안마당의 나무 커튼들이 겹겹이 형성하는 공간적 켜, 유리 스크린과 전시공간 유리벽의 슈퍼그래픽, 서

센강에서의 집입부와 반대편에 위치한 케브랑리 박물관의 또 다른 입구

케브랑리 박물관의 두 진입부를 연계시켜주는 필로티

케브랑리 박물관에서 브릿지로 연결된 검은색의 행정동과 연구동

케브랑리 박물관의 입구홀에서 전시공간으로 올라가는 경사로

로 다른 형태와 재료와 색채의 병치, 휘장과 영상, 직사광과 반사광, 그림자 같은 오락공간에서 쓰이는 여러 기술의 활용 등 이 박물관은 복잡하고 지형학적으로 이질적인 요구들에 직면해 안팎으로 현대 건축의 혼성적인 면모를 드러낸다.

케브랑리 박물관의 유리 스크린과 슈퍼그래픽

자연환경과 조화를 이루며 자원과 에너지를 생태학적 관점에서 최대한 효율적으로 이용하려는 생태건축은 지역의 기후적·환경적 특성을 공유하며 지속가능하고 친환경적인 현대 건축의 추구 방향을 드러낸다.

폐쇄된 알타미라 동굴을 대신하는 국립 알타미라 뮤지엄 및 연구센터는 동굴이라는 땅속을 보여주는 전시 프로그램과 알타미라 동굴보다 많이 돋보이지 않으려는 아이디어가 합쳐져 언덕의 경사지 아래에 자리 잡았다. 뮤지엄이 세워진 지역은 1~2월 최저기온 평균이 5°C, 7~8월 최고기온 평균이 23°C로 비교적 연중 온도차가 작아 외부 기온이 내부 환경에 미치는 영향이 크지는 않은 곳이다. 그런데도 반지하화하고 옥상에 식재를 했다.

르코르뷔지에는 1920년대 초에 아직 미흡했던 방수 재료의 성능과 기술 부족으로 누수의 위험이 큰데도 경사지붕이 아닌 평지붕을 채택하고 단열을 위해 옥상정원toit-jardin을 도입했다. 그가 1924년 부모님을 위해 레만호숫가에 지은 '작은집Une Petite Maison'의 옥상은 15~20센티미터 두께의 흙으로 덮였다. 8월이면 삼복더위로 잔디가 바싹 말랐지만, 그때도 각각의 조그마한 싹들이 그림자를 만들고 밀집한 뿌리는 두꺼운 단열층을 형성했다. 9월 말이면 가을꽃이 피어나고, 야생 제라늄이 만든 두꺼운 카펫이 가득 펼쳐진다. 해, 비, 바람과 씨를 옮기는 새들의 도움을 받아 자생하는 풀과 꽃이 열과 냉기를 차단하고 어떠한 유지비도 필요로 하지 않으면서 무료로 온도를 조절했다.[41]

알타미라 동굴의 천장화가 재현된 국립 알타미라 뮤지엄의 전시공간

지하나 반지하 건물은 아니지만 국립 알타미라 뮤지엄 및 연구센터도 지붕 대부분을 덮은 두터운 흙에 사시사철 심겨 있는 식물들 덕분에 방문객의 생생한 실감을 위해 재현하고 계속 유지해야 할 동굴 온도와 습도에 대한 외부 날씨의 영향을 최소화했다. 인접해 남아 있는, 1924년에 동굴 관리를 위해 지은 건물과 1970년대에 박물관으로 쓰인 두 건물과 달리 신축 뮤지엄은 주변의 자연환경과 조화를 꾀하면서 유지·관리 측면에서 저비용의 항상성恒常性을 추구했다.

케브랑리 박물관에서는 조경정원사이자 작가인 클레망G. Clément, 1943-이 계획한 정원에서 보이는 친환경적 생태건축의 면모가 건물의 현대성을 드높인다. 클레망의 독특한 조경관은 '움직이는 정원le jardin en mouvement'이라는 제목의 영화로 만들어지기도 했다. 방문자들이 센 강변에서 박물관으로 들어서며 지나게 되는 이 정원은 강변 도로변의 높고 긴 유리 스크린에 이어 키 큰 풀과 나무들이 두 번째 커튼이 되어 박물관을 시야에서 또렷하지 않게 한다. 1999년 이 박물관을 위한 현상설계 당시에는 정원이 편평한 잔디밭으로 계획됐었다. 하지만 이후 센강이 범람할 경우 지하에 보관된 소장품들을 보호하기 위한 대책으로 도입한, 정원 전체를 둘러싼 채 눈에 띄게 돌출된 거대한 방수 케이슨waterproof caisson을 가리기 위해 정원 바닥의 높낮이가 다양하게 조정됐다. 지하 소장품들을 보호할 상부의 포장에 너무 큰 무게가 가해지는 것을 피하기 위한 기술적 건의에 대응한 것이다. 넓은 정원 여기저기로 걸으며 산책할 수 있는 행로가 그리드처럼 펼쳐지는데, 강변 쪽에 양치류와 고사리류가 심겼고, 아직은 키가 작지만 100년 후를 기대하며 떡갈나무, 참나무, 가시나무 등 다양한 식물 종이 심겼다. 이 나무들이 크게 성장했을 때를 떠올리면 지금과는 사뭇 다를 친환경적 전경이 그려진다.

케브랑리 박물관의 대형 유리 스크린과 박물관 안마당의 나무들이 만드는 공간적 켜

케브랑리 박물관에 심긴 풀과 나무들

케브랑리 박물관 정원의 물과 수생식물들

케브랑리 박물관의 정원은 정교한 기하학적 배치로 잘 정돈된 프랑스 특유의 정원들과 달리 다듬지 않고 자연스러운 모양 그대로여서 야생적이다. 이 박물관은 산천초목이나 무생물 등 갖가지

케브랑리 박물관 정원 바닥의 투명유리 안에 심긴 곤충

물건에 깃들어 있다는 혼령인 정령을 숭배하는 문명의 산물들을 주로 보여주고 있다. 이곳의 정원은 전시물의 주종을 이루는 이러한 문명에 내포된 자연 생명을 향한 정중한 태도를 우리의 환경과 그 안에 있는 모든 존재를 보호하려는 생태학을 향한 현대의 마음가짐과 결합하고자 시도한다. 정원이 뮤지엄 콘텐츠와 관계가 있음을 분명하게 이해할 수 있도록 모든 정령 숭배적 사회에서 자주 등장하는 거북 등 약간의 상징물들을 활용해 그런 의도를 표출한다. 또한 정령 숭배적 사회들에서 존중받는 생명인 곤충들, 나무들과 조개들을 관찰할 수 있도록 땅속에 유리면들이 설치됐다. 이 창조물들이 실제로 신성하게 다뤄지거나 의식을 위한 장식으로 다뤄졌다. 정령 숭배적 사회는 물질적이기보다는 영적이다.

서양에서 정점을 맞은 물질주의는 자연을 경시하며 상품화한, 자연과 멀어진 사회에서 비롯됐다. 정령 숭배적 사고를 앙양시키는 이곳의 정원은 연극이나 오페라 분위기를 떠오르게 하는 박물관의 장식적이고 극적인 현대 건축적 특성과 어우러지면서 과거 식민지 시대를 떠올리게 하는 이국적인 미학을 풍겨 역사의 무게를 감당하는 데 조경으로 기여한다. 박물관의 우측(에펠탑 쪽) 단부에서 강변도로에 접해 있는, 박물관이 정식 개관되기 2년 전부터 큐레이터들이 근무한 건물의 외벽 전체를 덮은 넝쿨식물은 건물을 변장시키는 식물의 힘을 고양하며 이 박물관의 친환경적 면모를 강조한다.

케브랑리 박물관의 큐레이터들이 근무하는 센 강변 건물의 외벽을 덮은 넝쿨식물

케브랑리 박물관에서 전통주거와 선명한 차이를 보이는 친환경적 면모

에필로그

내 서가에는 꽤 오래전부터 유네스코 세계문화유산과 세계 고대문명을 담은 책 2권이 꽂혀 있다. 인도 고대문명을 담은 책도 있는데, 둘 다 자주 꺼내 보기에는 크고 두껍고 무겁다. 그 안의 품질 좋고 큼직한 컬러 사진들이 보여주는 지난 시대 기념물과 건축물의 정수를 가끔 들춰볼 때면 서가의 다른 쪽에 자리 잡은 3권의 묵직한 족보 책을 볼 때와 비슷한 느낌이 든다. 선조들의 긴 내력이 오늘의 조바심을 완화해주듯 지난 시대의 뛰어난 문화를 고스란히 담은 채 시간의 마모를 견뎌낸 명품 구조물들은 수다스럽거나 고고하거나 까칠하거나 때로는 지나치게 사변적인 현대 건축을 관찰하는 피로를 덜어준다.

아를 고대사박물관을 설계한 시리아니는 용산에 들어선 국립박물관 국제공모전의 심사위원으로 활동한 후 파리로 돌아왔을 때 나를 보자마자 "너희에게 과거가 어디 있느냐?"고 물어 당황했던 기억이 있다. 한국인 제자가 많은 그가 긴 역사를 지니고 있다고 알고 있던 서울에서 기대와는 달리 한국인의 지난 삶을 보여주는 건축 문화의 발전사를 좀처럼 찾기 어려웠단다. 그로부터 역사를 잊지 말라는 당부를 들은 내게 과거를 담은 서가의 책들은 눈길이 닿을 때마다 고전 건축과 현대 건축의 화해에 대해 뭔가 자꾸 말을 거는 것 같았다.

그렇잖아도 고전이 생생하게 살아있는 유럽 대륙에서 근대 건축의 정통을 연구하면서 전혀 다를 것 같은 과거와 현재가 별다른 마찰 없이 공존하는 것을 봐왔었다. 평소 나의 주된 연구 방향 중 하나가 현대 뮤지엄 건축이라는 점이 유네스코 세계유산과 접점을 이뤄 이 책을 구상하게 됐다. 유럽의 유네스코 세계유산 주변에 신축된 현대 뮤지엄 건축을 통해 고전과 현대가 사이좋은 이웃이 되는 방안을 살펴보게 된 것이다.

신축 뮤지엄들이 이웃한 유네스코 세계유산과 조화를 이루면서도 현대 건축물로서의 정체성을 지켜가는 방안들에서 고전과 역사, 전통을 대하는 열린 자세와 다양한 시도를 확인할 수 있었다. 별다른 의식 없이 이전 것을 모방해 닮음으로써 과거에 대한 예의를 지키려는 안이함과는 거리가 먼 노력이 기울어지고 있었다. 역사에서 가치를 찾고 현실에서 방법을 찾는 지혜를 견지했으며, 위대한 과거 옆에서 겸허하면서도 자신의 존재감을 잃지 않았다. 역사라는 필연적인 귀결을 긍정적으로 받아들이되 시대에 기인하는 감정을 물리적으로 결정하는 체계이자 보편적인 문화인 건축의 현대성을 잃지 않으려는 시도를 공통으로 지닌 것이다.

2018년에 있었던 금관총 바로 옆에 들어설 전시관 신축을 위한 설계공모전에 심사위원으로 참가한 적이 있다. 공모안들 중 왕릉을 최대한 존중하기 위해 자신의 모습을 지면 아래로 낮춰 드러내기를 가능한 한 자제하면서 현대 건축으로서의 면모도 분명한 계획안이 지지를 받아 당선됐고, 심사위원들은 좋은 안이 뽑혔다고 안도하며 서로 격려했었다. 하지만 에필로그를 쓰는 현재

2021년 말 완공을 목표로 진행 중이던 공사 현황을 확인하고 실망을 금할 수 없었다. 왕릉 바로 옆에서 잔디가 입힌 원형의 낮은 둔덕으로 둘러싸이고 평지붕이었던 전시용 건물은 필요 이상의 존재감을 자랑하며 나선형 평면에 둥근 지붕을 머리에 인 채 왕릉과 어색하게 대면하고 있었다. 조금 떨어져 경사로를 통해 지하로 들어가고 최소한의 입구 볼륨만 지상에 돌출되지만, 땅에 붙은 경사지붕 아래에 왕릉을 향한 큰 창이 있었던 또 다른 전시용 건물도 상당 부분이 지상으로 올라왔다. 자세한 내막은 알 수 없으나 각종 심의를 받는 과정에서 배가 산으로 갔을 것이다. 심의를 통과하기 위해 심혈을 기울였던 최선의 의도를 접은 건축가가 느꼈을 허망함이 아프게 다가온다. 공모전을 왜 했는지 회의가 들게 하는 이런 흔한 행태가 이 책이 쓰이게 된 이유를 새삼 확인해주는 것 같아 씁쓸하다.

책을 마무리할 즈음에 루마 아를의 완공 소식을 뒤늦게 접했다. 유럽 대륙의 유네스코 세계유산 가까이 신축된 뮤지엄으로 제한해 살펴보고 있는 이 책에서 리노베이션과 신축이 함께 이뤄진 루마 아를이 이 책의 취지에 맞는지를 고심하다가, 리노베이션과 신축을 다른 건축가가 수행했고 신축 건물이 리노베이션한 건물들과의 연관성보다는 이웃한 아를 구도심을 크게 의식한 결과물이어서 뒤늦게 내용에 포함시켰다. 현대 건축가 중에서도 가장 조형성을 중시하는 프랭크 게리가 취한 오랜 과거와의 접속 방안은 다른 10개 뮤지엄들이 보여준 해결방안에 비해 별스럽지만, 건축이 현대 철학을 받아들이면서 파생된 다양한 양상 중 하나를 동원해 세계문화유산과 조응해보려는 몸짓으로 받아들였다. 현대 문화에 대한 정신적·사회적 비평 또는 개인의 특이성이 구체화되어 기울어지고 물결치는 형상을 택한 건축가는 고풍스러움을 넘어 고전과 중세 그 자체인 곳에서 고대 로마 원형극장과 반 고흐라는 그 지역의 상징에 손을 내밀었다. 허가권자는 과거와 현재가 다름을 인정하고 미래를 기대하며 수용의 폭을 넉넉히 넓혔다.

각자 방법은 다르지만, 조화를 추구하면서도 현대성을 지키려는 의식의 바탕에는 기존에 대한 깊은 존중심이 깔려 있다. 배려해야 할 절대자가 있기에 따르는 제약은 오히려 각 프로젝트의 개념이자 특징이자 장점이 됐다. 게으른 모방과 무비판적 재현을 넘어 원본과 핵심을 지키면서 건축가들이 대지에서 추출된 특성을 건축에 담는 맥락에 대한 민감성과 그것을 건축적으로 보편타당하게 풀어나가는 능력을 발휘하는 것이다. 그래야 올바른 제안을 내놓을 수 있고 그것이 수용될 때 과거는 지난 시간의 박제에서 벗어나 오늘의 원천이 될 수 있다. 인류 역사가 남긴 문화의 정수이자 증거물인 건축의 핏줄에 흐르는 시대의식은 새로운 건축의 바탕으로서 오히려 더 생생하게 순환될 수 있게 된다.

이제 우리는 '서구문화의 중심지인 유럽의 유네스코 세계유산과는 사뭇 다른 우리의 뛰어난 과거 유산 옆에서는 어떻게 해야 할까?'라는 고민을 하게 된다. 상황과 조건이 다 달라 개별적 사안으로 접근해야 하므로 모든 사례를 용납하는 일괄적인 대응법은 있을 수 없고, 있어서도 안 된다. 수학 문제처럼 정해진 답이 없는 건축의 여정은 그래서 더 흥미롭다. 과거는 정말 소중하다. 아주 먼 과거이거나 희귀한 과거일 경우 더욱 그러하다. 하지만 그 과거를 지금 있는 그대로 가만히 놔둘 수 없게 됐을 때가 있다. 어떤 이유로 무엇이 접근하든 정확히 고증되지 않은 것을 대충 재현하는 것을 삼가고, 가까이 다가간 현재에게 과거를 무조건 따르라고 강요해서도 안 된다.

보존가치가 높은 훌륭한 과거는 거의 신성불가침의 존재여서 아무것이나 함부로 근접할 리가 없다. 신중하게 간택됐을 새 이웃이 이 책에서 확인한 것처럼 과거를 흠내지 않고 상호 대립하지도 않으면서 오히려 더 돋보이게 하는 방안이 있음을 이해하고 받아들이는 것이 과거와 현재의 성공적 공존을 위한 시도의 첫걸음일 것이다. 현재에 수렴되지 않아도 될 만큼 독자적인 가치를 지닌 뛰어난 과거를 필요에 따라 현재와 기꺼이 접속시키려면 열린 역사의식과 높은 문화적 안목과 감성, 현대 문화에 대한 신뢰가 있어야 한다. 그럴 수 있다는 사회적 합의가 선행돼야 하고, 복잡다단한 과정에서 개입되는 여러 관련 그룹들이 서로 이해하고 협력할 수 있도록 올바른 인식과 빼어난 실무능력을 갖춰야 한다. 어느 한 단계에서라도 몰이해의 자세로 나온다면 과거와 현재와 미래의 원활한 연계는 삐걱거릴 수밖에 없다.

이 책을 준비하면서 유네스코 세계유산과 그 인근에 신축된 뮤지엄들을 깨끗하게 보여줄 고해상도의 사진들이 많이 필요했다. 다행스럽게도 우리가 보는 것들이 방문객이 많이 찾는 유네스코 세계유산이고 현대 뮤지엄인 덕분에 자유로운 사용이 허가된 좋은 사진들을 웹상에서 다수 찾을 수 있었다. 일면식이 없는 분들에게 국제적인 도움을 받았다. 또한 현장에서 직접 찍은 귀한 사진들을 사용하도록 기꺼이 허락해주신 여러 고마운 분들도 계신다.

내가 재직하고 있는 경희대학교의 출판문화원에서 세 번째 책을 내게 되어 기쁘고, 감사하다. 언제나처럼 원고를 꼼꼼히 읽어주셨고, 다수의 도판을 정리해주셨다. 여러분의 정성 어린 도움과 따스한 격려로 탄생한 이 책이 우리의 자랑스러운 건축문화유산으로 하여금 시간과 공간 모두에서 현재와 단절되어 고립되지 않고, 다가서는 젊은 이웃에 영감과 활력을 줘 함께 밝은 오늘을 이루는 문화 생명체로 되살아나는 데 작은 불씨가 되기를 기대한다.

주

프롤로그

1 UNESCO는 유엔교육과학문화기구를 뜻하는 United Nations Educational, Scientific and Cultural Organization의 약자로서 파리에 본부를 둔 유엔의 전문 기관이다. 유엔헌장에 선포된 기본적 자유와 함께 정의, 법치, 인권에 대한 보편적 존중을 증진하기 위해 교육, 과학, 문화 개혁을 통해 국제 협력을 증진함으로써 평화와 안보에 기여하는 것이 그 목적이다. https://en.wikipedia.org/wiki/UNESCO.

2 엔지니어링과 신기술의 영향을 받은 하이테크 건축은 구조 표현주의Structural Expressionism라고도 불릴 만큼 건물의 구조를 강조한다. 1960년대 후반 영국에서 등장한 모더니스트 건축의 한 발전 경향으로서 1970년대 이후로 최신 건축 양식 중 하나가 됐다. 어설픈 기술이 적용되어 기술에 인사하는 hi, tech! 정도가 아닌, 첨단 산업 및 기술 요소를 빌딩 디자인에 통합해야 진정한 High Tech Architecture라고 할 수 있다.

1장 유네스코 세계유산과 현대 뮤지엄

1 https://en.wikipedia.org/wiki/Abu_Simbel_temples.

2 유네스코 세계유산의 역사에 대해서는 https://en.wikipedia.org/wiki/World_Heritage_Site 참조.

3 M. Cattaneo & J. Trifoni, 『유네스코 세계고대문명』, 이은정 역, 생각의 나무, 2004, 10쪽 참조.

4 J. R. Allan, C. Kormos, T. Jaeger, O. Venter, B. Bertzky, Y. Shi, B. MacKey, Brendan, R. Van Merm, E. Osipova, J. E. M. Watson, "Gaps and opportunities for the World Heritage Convention to contribute to global wilderness conservation." *Conservation Biology*. 32 (1), 2018, pp. 116–126.

5 1995년에 종묘, 해인사 장경판전, 석굴암 및 불국사가, 2000년에 고창 화순 강화의 고인돌 유적과 경주 역사지구가, 2007년에 조선 왕릉이, 2010년에 한국의 역사마을인 하회마을과 양동마을이, 2014년에 남한산성이, 2015년에 백제역사유

적지구가, 2018년에 '산사' 한국의 산지승원이, 2019년에 한국의 서원이 세계문화유산으로 등재됐다. 세계자연유산으로는 2007년에 '제주 화산섬과 용암동굴'이, 2021년에 '한국의 갯벌'이 등재됐다.

6 연극이나 영화, 라디오, 텔레비전, 음반 등의 매체에서 행위나 분위기를 보조, 강조하기 위해 사용하는 극음악을 말한다.

7 어빙 스톤Irving Stone이 쓴 소설의 원 제목은 *Lust for Life*『삶에 대한 열망』, 1934로서 1996년 한국어로 출판됐다. 그는 한 작품을 쓰기 위해 수년 동안 온갖 자료를 모으고 깊이 연구해 위대한 예술가들의 생애를 사실과 상당히 근접하게, 생동감 있게 드러내는 작가다. 이 책이 발간됐을 때 살아 있는 반 고흐를 창조했다는 평가를 받았다. 우리나라에서 『르네상스인 미켈란젤로』로 번역된, 어빙 스톤이 쓴 다른 소설 *The Agony and the Ecstasy*『고뇌와 환희』, 1961도 미켈란젤로가 쓴 495편의 편지들을 다 섭렵하고 미켈란젤로가 활동했던 피렌체, 로마, 카라라와 볼로냐에 작가가 수년간 실제 살면서 방대한 자료를 수집해 미켈란젤로의 삶을 너무나 생생히 되살렸다.

8 론강은 제네바에 있는 레만 호수Lac Léman에서 발원하여 리옹Lyon과 아비뇽, 아를을 거쳐 지중해로 흐른다.

9 기원전 3000년 무렵부터 시리아, 레바논 해안 지대에 도시 국가를 이룩한 셈족의 한 갈래로서 지중해를 따라 멀리는 스페인의 바닷가까지 퍼졌다.

10 고대 그리스와 고대 로마시대 야외에서 단단한 뒷벽을 지닌 반원형의 좌석.

11 아를에 대한 소개는 M. Cattaneo & J. Trifoni, 『유네스코 세계고대문명』, 이은정 역, 생각의 나무, 2004, 34-35쪽과 https://en.wikipedia.org/wiki/Arles 참조.

12 "Arles, Roman and Romanesque Monuments: Description", Description is available under license CC-BY-SA IGO 3.0.

13 이 박물관은 프랑스혁명 직후 혼란의 와중에 약탈을 당하기도 했다. 왕권과 종교적 권세가 민중을 억압해왔다고 여겨졌기 때문이다. F. Benoist, "Les origines et l'histoire du Musée Lapidaire de la ville d'Arles", *Mémoire de l'Institut historique de Provence*, 1934 참조.

14 이 박물관의 공식 명칭은 아를과 프로방스 고대사박물관Musée de l'Arles et de la Provence Antique, 프로방스와 아를 연구소Institut de Recherche pour la Provence et Arles, 도립 아를 고대사박물관Musée départemental de l'Arles Antique 등으로 여러 번 바뀌었다. 자료마다 다른 이름으로 나올 수 있어 미리 밝힌다.

15 30년간의 끈질긴 노력으로 아를 고대사박물관의 기획부터 완공까지 이뤄낸 이가 후일 아를 지역 모든 뮤지엄의 총책임자가 된 루케트J.-M. Rouquette 씨다. 그는 환대의 표시로 내게 박물관 내 어느 곳이든 아무 때나 방문할 수 있는 허가증을 발급해줘 골조공사 이후 개관 때까지의 과정을 살펴볼 수 있게 해줬다.

16 Jacques Boudon, "Quel environnement pour le musée", *Le Meriodional*, 29 mars 1995.

17 이 뮤지엄이 신축된 배경에 관한 설명은 이관석, 『빛을 따라 건축적 산책을 떠나다』, Spacetime, 2004, 33-38쪽 참조. 이 박물관의 역사, 발전 과정, 컬렉션 등에 대해서는 https://fr.wikipedia.org/wiki/Mus%C3%A9e_de_l%27Arles_antique 참조.

18 https://www.luma.org/en/arles/about-us/luma-arles 참조.

19 데리다Jacques Derrida, 1930-2004의 해체 이론을 대표로 하여 푸코Michel Foucault, 1926-1984, 라캉Jacques Lacan, 1901-1981, 들뢰즈Gilles Deleuze, 1925-1995 등 프랑스 탈구조주의Post-Constructuralism 철학의 이념이 바탕이 됐다. 의미와 기호의 불확실성에서 출발한 해체 이론은 기존의 건축을 타파하려는 건축가들의 중심 이론이 됐다. 근대 건축의 순수성과 완전성을 의심하고 그 안에 숨어 있는 가능성을 찾아내 새로운 형태를 구성하고자 했다.

20 https://www.wallpaper.com/architecture/frank-gehry-luma-tower-arles-france.

21 https://www.wmagazine.com/culture/luma-arles-art-center-frank-gehry-van-gogh-maja-hoffmann-interview.

22 이 뮤지엄이 가져온 사회문화적 영향을 다수 관련 학자들이 공동 기술한 *Learning from the Bilbao Guggenheim*이라는 책까지 발간됐다.

23 K. Hudson, "The Museum refuses to Stand Still", *Museum International* 50, n°1, 1998, p. 46.

24 알타미라 동굴에 대해서는 M. Cattaneo & J. Trifoni, 『유네스코 세계고대문명』, 이은정 역, 생각의 나무, 2004, 36-37쪽, https://en.wikipedia.org/wiki/Cave_of_Altamira 및 https://www.worldhistory.org/Altamira/와 https://ko.wikipedia.org/wiki/%EC%95%8C%ED%83%80%EB%AF%B8%EB%9D%BC_%EB%8F%99%EA%B5%B4 참조.

25 https://en.wikipedia.org/wiki/National_Museum_and_Research_Center_of_Altamira & https://www.spain.info/en/places-of-interest/national-museum-research-centre-altamira.

26 아크로폴리스 역사에 대한 소개는 M. Cattaneo & J. Trifoni, 『유네스코 세계고대문명』, 이은정 역, 생각의 나무, 2004, 88-93쪽과 https://en.wikipedia.org/wiki/Acropolis_of_Athens 참조.

27 Le Corbusier, 『건축을 향하여』, 이관석 역, 동녘, 2002, 171, 145-155, 195 & 200-223쪽.

28 그리스 신화에서 아테네의 첫 번째 왕인 케크롭스Kekrops의 세 딸 중 한 명인 판드로소스Pandrosus에 헌정된 성소.

29 아레포리온은 아테네 아크로폴리스의 북쪽 벽과 페리클레스 성벽 옆에 자리 잡은 작은 건물이다. 1920년에 독일 건축가 데르펠트Wilhelm Dörpfeld에 의해 확인됐다. 그것은 4년마다 그리스에서 개최됐던 종교 축제이자 의식이고 운동경기와 문화적 이벤트도 열렸던 파나테나 게임Panathenaic Games에 사용될, 당시 그리스 여성이 입는 의상인 페플로스peplos를 준비하기 위해 일했던 네 명의 아테네 귀족 소녀 아레포로스Arrephoros에게 제공된 숙소였다.

30 Jacques Lucan, "Tout est commencé là", *Le Corbusier, une encyclopédie*, Centre Georges Pompidou, 1987, pp. 20-25.

31 고대 그리스, 로마 건축에서 기둥에 의해 떠받쳐지는 부분을 총칭하는 용어로서 맨 위에서 처마를 장식하는 띠장식인 코니스cornice, 코니스와 아키트레이브 사이의 중간 소벽인 프리즈freeze, 기둥 바로 윗부분에서 기둥 사이를 잇는 평평한 대들보 형상인 아키트레이브architrave로 구성돼 있다.

32 아크로폴리스에서 받은 르코르뷔지에의 교훈에 대해서는 이관석, 『르코르뷔지에의 건축 수업』, 문운당, 2018, 84-87쪽 참조. 건축적 산책은 고정시점이 아닌 이동시점을 전제로 하여 동선을 따라 지속적으로 변화하는 건축적 장면들의 연속을 통해 건축적 감흥을 구현한다.

33 서양 고전 건축의 기둥 위에 얹힌 수평보인 엔태블러처의 최상부에 돌출한 수평 띠 코니스Cornice와 최하단부인 아키트레이브architrave 사이에 프리즈가 있다.

34 도리아식에서 세 줄기 세로홈 장식triglyphs 사이에 끼어 있는 네모진 벽면.

35 고전건축에서 건물의 정면 문이나 창문 위에 장식된 삼각형의 박공장식 부분.

36 뉴 아크로폴리스 뮤지엄의 역사에 대해서는 http://www.theacropolismuseum.gr와 https://en.wikipedia.org/wiki/Acropolis_Museum 참조.

37 파리 센 강변이 유네스코 세계유산으로 선정되게 한 탁월하면서도 보편적 가치와 선정기준에 대해서는 https://whc.unesco.org/en/list/600 참조.

38 이춘건, 『PARIS』, 도서출판 백초, 1990, 17-18쪽.

39 기억 네트워크는 이탈리아 문학을 전공한 프랑스인 교수 아리기Paul Arrighi, 1875-1975가 제2차 세계대전 중 자유를 위해 추방됐거나 실종됐거나 죽은 사람들을 추모하기 위해 세운 단체다. 이 단체는 레지스탕스 활동 조직을 참조해 1940-1944년 사이의 저항 활동에 대한 정보를 알린다.

40 https://en.wikipedia.org/wiki/M%C3%A9morial_des_Martyrs_de_la_D%C3%A9portation 참조.

41 아폴리네르가 1918년에 발간한 캘리그램(문자 장식의 도안, 디자인) 시집인 『평화와 1913-1916년 전쟁에 관한 캘리그램 시들*Calligrammes poèmes de la paix et de la guerre 1913-1916*, Mercure de France, 1918』에 나온다.

42 https://en.wikipedia.org/wiki/Eiffel_Tower 참조.

43 공식 명칭은 Grands opérations d'architecture et de l'urbanisme이다. 이 프로젝트는 20세기 말 예술, 정치, 경제에서 프랑스의 역할을 상징하는 건축 및 도시 프로그램으로서 이미 기념물들의 도시인 파리에 현대적 기념물들을 추가해 세우려는 야심 찬 기획이었다. 미테랑은 157억 프랑을 투입할 것으로 추산된 도시 건축물 프로젝트를 통해 파리를 활성화하고자 했는데, 그 규모와 야심은 태양왕 루이 14세의 주요 건축물 계획에 비견됐다. 20년 만에 파리의 모습에 적잖은 변화를 준 일곱 개의 기념비적인 프로젝트는 루브르 박물관의 유리 피라미드Louvre Pyramid I. M. Pei, 1981-1989, 오르세 미술관Musee d'Orsay, G. Aulenti, 1983-1986, 라빌레트 공원Parc de la Villette, B. Tschumi, 1982-2008, 아랍 세계 연구소, 바스티유 오페라극장Opéra Bastille, C. Otto, 1983-1989, 재무부 청사Ministère de l'Économie et des Finances, P. Chemetov & B. Huidobro, 1988와 프랑스 국립도서관Bibliothèque nationale de France, D. Perrault, 1988-1995이다. 라데팡스 개선문Grande Arche de La Défense, J. O. von Sprecklsen, Puteaux, 1982-1989은 파리 바로 외곽에, 치바우 문화센터Centre Culturel Tjibaou, R. Piano, Nouméa, 1991-1998는 프랑스령인 뉴칼레도니아Nouvelle Caledonie의 수도 누메아에 건설됐다.

44 민족지학은 민족학 연구와 관련된 자료를 수집·기록하는 학문이다.

45 https://en.wikipedia.org/wiki/Mus%C3%A9e_du_quai_Branly_%E2%80%93_Jacques_Chirac 참조.

46 르코르뷔지에, 『오늘날의 장식예술』, 이관석 역, 동녘, 2007, 49-50쪽. 이때의 긴 여행 기록은 르코르뷔지에가 말년에 정리했으며 여행이 끝나고 55년 후, 르코르뷔지에의 사망 1년 후인 1966년에 『동방여행*Voyage d'Orient*』이라는 책으로 출판됐다.

47 위의 책, 51쪽.

48 메리다의 고대 로마 유적에 대해서는 M. Cattaneo & J. Trifoni, 『유네스코 세계 고대문명』, 이은정 역, 생각의 나무, 2004, 40-43쪽과 https://en.wikipedia.org/wiki/Augusta_Emerita 참조.

49 https://fr.wikipedia.org/wiki/Mus%C3%A9e_national_d%27art_romain_de_M%C3%A9rida & https://www.culturaydeporte.gob.es/mnromano/home.html 참조.

50 로마네스크Romanesaue 건축은 반원형 아치가 특징인 중세 유럽의 건축 양식이다. 이 양식이 언제 시작됐는지에 대한 합의는 없으나 대략 6세기부터 11세기 사이에 나타났으며, 12세기에 고딕 양식으로 발전했다.

51 모산 미술은 현재의 벨기에, 네덜란드, 독일의 뫼즈Meuse 계곡에서 온 지역적 예술 양식이다. 더 넓은 의미에서 이 지역의 예술에 이 용어가 적용되지만, 일반적으로 로마네스크 미술Romanesque Art을 지칭한다. 모산 로마네스크 건축, 석조 조각, 금속 공예, 법랑질enamelling, 그림수사본은 11-13세기 동안 고도의 발달 수준에 도달했

다. https://en.wikipedia.org/wiki/Mosan_art 참조.

52 쾰른 대성당에 대한 소개는 https://en.wikipedia.org/wiki/Cologne_Cathedral와 https://whc.unesco.org/en/list/292 참조.

53 앞서 등록 취소된 예로 언급된 '리버풀, 해양산업 도시'는 2004년에 등재됐으나 2012년도에 '위험에 빠진 세계유산' 목록에 들었다가 2021년 결국 등재 취소됐다. 우리나라도 문화재 반경 500미터 이내에 높이 20미터 이상의 건물을 지으려면 문화재청의 심의를 사전에 받아야 하는데, 세계유산으로 지정된 '조선왕릉' 40기 중 하나인 김포 장릉에서 450미터 떨어진 곳에 35층의 고층아파트가 문화재청의 심의를 받지 않고 골조까지 건설되어 고발됐다. 문화재 보호와 입주민의 재산권이 충돌한 초유의 사태다. "자연경관을 적절하게 융합한 공간 배치를 통해 제례를 위한 경건한 장소가 창조됐으며, 조선왕릉 전체가 통합적으로 보존·관리되고 있는 점을 높이 평가"한 것인데 장릉의 정면에 고층아파트가 솟아올라 그 너머 계양산이 완전히 가려졌다. 이외에도 조선왕릉 인근에 대규모의 아파트들이 다수 들어서면서 몸살을 앓고 있다.

54 라인란트는 라인강을 끼고 그 하류와 특히 중류 지역의 서부 독일 지역을 말한다.

55 https://www.flickr.com/photos/carolemage/8115570743 참조.

56 https://de.wikipedia.org/wiki/R%C3%B6misch-Germanisches_Museum 참조.

57 https://en.wikipedia.org/wiki/Wallraf%E2%80%93Richartz_Museum 참조.

58 https://en.wikipedia.org/wiki/Museum_Ludwig.

59 『덴마크 왕자 햄릿의 비극*The Tragedy of Hamlet, Prince of Denmark*』, 흔히 줄여서 『햄릿』은 1599년에서 1601년 사이에 쓰인 셰익스피어의 비극이다. 덴마크를 배경으로 햄릿이 자신의 아버지를 죽이고 어머니와 결혼한 클라우디우스에게 복수하는 과정에서 일어나는 비극을 보여준다.

60 크론보르성에 대해서는 M. Cattaneo & J. Trifoni, 『유네스코 세계문화유산』, 김충선 역, 생각의 나무, 2004, 30-33쪽과 https://en.wikipedia.org/wiki/Kronborg 참조.

61 https://archello.com/project/the-danish-maritime-museum.

62 유네스코 세계유산 잠정목록에 올라 있는 님에 대한 소개는 https://whc.unesco.org/en/tentativelists/5723 참조.

63 M.-A. Laugier, "General Principles of Architecture", An Essay on Architecture, translated by Wolfgang and Anni Herrmann, Hennessey & Ingalls, Inc., 2009, p. 13. 건축 창조의 기본 기반으로서 인간과 자연환경 사이의 인류학적 관계를 탐구하는 개념인 The Primitive Hut에 대해서는 https://en.wikipedia.org/wiki/The_Primitive_Hut 참조.

64 https://www.fosterandpartners.com/projects/carre-d-art와 https://www.carreartmusee.com/en/museum/museum-history 참조.

65 https://en.wikipedia.org/wiki/Carr%C3%A9_d%27Art 참조.

2장 신축 뮤지엄, 유네스코 세계유산과의 조화 추구와 정체성 찾기

1 https://en.wikipedia.org/wiki/IRCAM과 https://en.wikipedia.org/wiki/Stravinsky_Fountain 참조.

2 본명이 안젤로 주세페 론칼리Angelo Giuseppe Roncalli로 1958년에 가톨릭교회의 교황으로 선출되어 선종한 1963년까지 집무했다.

3 LA 도심에 위치한 로스앤젤레스 현대미술관Museum of Contemporary Art, A, Isozaki, LA, 1981-1986이 대지 전체의 하부에 지하 5층까지 3-5개 층의 지하주차장을 둔 것이 대표적인 사례일 것이다. 프랑스의 스위스 접경도시인 그르노블의 구도심에 위치한 그르노블 미술관Musée de Grenoble, Groupe 6, 1985-1994도 도심의 주차난 해소를 위해 미술관 하부에 3개 층의 주차장을 뒀다. 여기서 지하는 1개 층뿐이고 나머지 2개 층은 지상에 있고 미술관이 그 위에 올라섰다. 건설되지는 않았지만, 스털링이 뒤셀도르프의 구도심에 계획했던 노르트라인베스트팔렌 미술관Museum Nordrhein-Westfalen, 1975도 도심의 주차난 완화를 위해 지하 전체에 3개 층의 주차장을 도입했었다.

4 이 미술관에 대해서는 Nobuo Hozumi, Kevin Roche, A+U, 1987, pp. 26-31 참조.

5 삼성건설 임직원으로 삼성그룹 비서실에 차출되어 오랜 기간 삼성미술관 건립 계획에 참여했던 분에게서 직접 들은 사연은 이랬다. 본문에 설명된 이유로 인해 삼성은 호암미술관 옆에 지으려던 근대미술관 건립을 포기하고 서울 시내에 현대미술관을 세우기로 계획을 수정했다. 3곳의 부지를 검토한 후 운현궁 뒤와 창덕궁 사이 옛 동양방송의 제3스튜디오가 있던 곳이 새 대지로 선정됐다. 국립현대미술관 서울관처럼 과거의 궁궐과 대저택 옆에 현대적인 삼성미술관을 짓고자 한 것이다. 건립 장소가 정해진 후 당대의 유력한 미국 건축가들인 리처드 마이어Richard Meier, 아이엠 페이I. M. Pei, 프랭크 게리를 불러 지명공모전을 추진했다. 파리의 루브르 박물관 확장 계획Grand Louvre을 이끌었던 아이엠 페이는 당시 은퇴를 한 상태여서 대신 파트너였던 핸리 콥Henry Cobb이 경쟁에 참여했는데, 게리의 제안이 최종 채택되고 설계도 완료됐다. 하지만 계획 대지의 일부인, 삼환기업이 처음 사업을 시작했던 삼환사옥 부지를 끝내 사지 못해 설계변경을 해야 할 상황을 맞았다. 어쩔 수 없이 또 착공이 보류됐는데, 그러면서 1997년에 IMF를 맞았다. 게리 계획안으로의 추진이 불가능하다는 것이 확인되면서 지금의 한남동 부지에 삼성미술관을 짓기로 했다. 내부적으로 먼저 50명의 건축가를 고르고 30명, 10명

까지 추리다가 결국 렘 콜하스Rem Koolhaas, 마리오 보타Mario Botta, 장 누벨을 선정하고 협업하는 데 동의를 받았다. 마스터 건축가 역할은 렘 콜하스가 맡았다.

6 장관, 「국립현대미술관 과천관과 김태수 건축가」, http://blog.daum.net/djp43/15337691, 2020 참조.

7 고대 그리스와 로마에서 시장이나 상업거래장이었으나 후에 법원이나 공공집회장 등으로 쓰인 공공건물로서 초기 기독교 시대에 장방형 평면과 구조를 이용해 바실리카식 교회당이 고안됐다.

8 이관석, 「노먼 포스터의 뮤지엄들에 나타나는 기술적 이미지와 맥락적 조화」, 『대한건축학회논문집』, Vol. 2, No. 5, 2016, 95-106쪽. 이 내용은 이관석, 『뮤지엄, 공간의 탐구』, 경희대학교 출판문화원, 2021, 240-277쪽에도 담겼다.

9 그리스 건축양식의 하나로서 도리아식과 이오니아식 다음에 탄생한 양식이다. 기둥 몸의 높이는 기둥 밑지름의 약 10배가량 되며, 기둥머리를 아칸서스 잎 모양으로 장식해 매우 화려하다.

10 Norman Foster, "Studio in Norman Foster", GA Document Extra 12, 1989, pp. 38 & 60.

11 건물 전체 또는 일부를 지상에서 기둥 위로 들어 올려 건물을 지면에서 분리함으로써 만들어지는 공간 또는 그 기둥 부분을 말한다.

12 G. Ragot는 이 착상이 '돔이노Dom-ino' 체계에서 비롯된 내력 기둥 골조 시스템을 바탕으로 프리즘prism이 필로티 위에 완벽하게 떠 있고 그 아래에 진입구가 있으며 내부 경사로를 통해 상층으로 오르고 무표정한 파사드로 구성되었다는 점에서 기능적으로나 구조적으로 빌라 사부아와 유사함을 지적했다. Gilles Ragot, Musée à croissance illimitée, Le Corbusier, une encyclopédie, Centre Georges Pompidou, 1987, p. 267. 빌라 사부아는 '새로운 건축의 5원칙5 points de l'architecture nouvelle'과 '네 가지 구성법4 compositions'같이 1920년대에 연구된 르코르뷔지에의 건축이론이 집대성된, 건축 역사의 이정표가 될 만한 주택으로 유네스코 세계문화유산으로 지정됐다.

13 "이것은 어느 날 그 중심에서 태어나 나선형으로 감으면서 전개되고…, 이 박물관은 할 수 있는 한까지, 한 사람의 석공과 그의 보조 인력이 수행하는 거푸집과 규격형의 기둥과 보의 유희 같은, 끝없는 건설 상태일 것이다." 르코르뷔지에의 원고, 날짜 미상, 위의 책, p. 267.

14 A. Papadakis, l'Architecture Aujourd'hui, Pierre Terrail, 1991, p. 77.

15 뮤지엄 건축과 연관되는 프랭크 게리의 건축관과 그의 뮤지엄 건축에 대해서는 이관석, 『뮤지엄, 공간의 탐구』, 경희대학교 출판문화원, 2021, 278-317쪽의 「프랭크 게리의 대중화된 문화로서의 뮤지엄」 장 참조.

16 "Its central drum echoes the plan of the Roman amphitheatre." https://www.dezeen.com/2021/06/30/frank-gehry-luma-arles-tower-iwan-baan.

17 Arnold Hauser, 『예술과 사회』, 한석종 역, 홍성사, 1981, 128쪽.

18 https://www.onac-vg.fr/hauts-lieux-memoire-necropoles/memorial-des-martyrs-de-la-deportation.

19 P. Tidwell, "M/S Maritime Museum of Denmark", Architectural Record, Feb. 1914, p. 15.

20 W. Tatarkiewicz, 『미학의 기본개념사』, 손효주 역, 미진사, 1990, 200쪽.

21 여기서 공간적 의미와 타당성은 분량상 자세히 설명하기가 어렵다. 아를 고대사 박물관의 삼각형 평면이 지닌 형식적·상징적·공간적 의미에 대해서는 이관석, 『빛을 따라 건축적 산책을 떠나다』, Spacetime, 2004, 39-59쪽 참조.

22 Henri Ciriani, "Le regard de l'architecte Henri Ciriani", Le Monde, le 04-02-93.

23 이 역사관의 근대성과 역사와의 호흡에 대해서는 이관석, 『빛을 따라 건축적 산책을 떠나다』, Spacetime, 2004, 90-161쪽 참조.

24 르코르뷔지에, 『프레시지옹』, 정진국·이관석 공역, 동녘, 2004, 76쪽.

25 매년 전 세계 건축가들을 대상으로 건축예술을 통해 인류에 공헌한 한 명 또는 한 팀을 선정해 수여하는, 건축의 노벨상으로 불리는 건축 분야 최고의 권위 있는 상이다.

26 Campbell Robert, "Thoughts on José Rafael Moneo", The Pritzker Architecture Prize Website. Accessed 28 Oct. 2014, from http://www.pritzkerprize.com/1996/essay.

27 빙켈만이 아테네 시대의 예술과 문학이 지닌 조화, 부분들의 균형, 평정함, 단순성 등의 특징을 표현한 말이다. W. Tatarkiewicz, 『미학의 기본개념사』, 손효주 역, 미진사, 1990, 212쪽.

28 M.-C. Loriers, "La Modernitie à l'oeuvre", *Techniques & Architecture*, n°49, 1993, p. 45.

29 미카도는 유럽에서 시작된 픽업 스틱 게임으로, 길이가 17-20센티미터 사이인 같은 길이의 스틱 세트를 사용한다. 한 손에 스틱들을 뭉쳐 든 채 테이블이나 땅에 댄다. 이 스틱들은 손에서 풀려나 원형을 그리면서 무질서하게 넘어진다. 이후 한 사람씩 번갈아가며 다른 스틱을 움직이거나 건드리지 않고 하나씩 스틱을 들어올린다. 스틱의 끝을 눌러서 손으로 가져가거나, 이미 특별한 스틱Mikado/Mandarin을 집어 들었다면 이것을 다른 막대기를 게워내게 하는 도우미로 사용할 수도 있다. 누군가 실수를 하면 그 게임은 끝난다. 이때 마지막으로 잡은 스틱은 계산되

지 않는다. 다음 게임자는 스틱을 다시 묶어 쓰러뜨린다. 다섯 번 정도의 게임 후 집은 스틱이 가장 많은 사람이 승자가 된다.

30 현대 건축의 '쌓기' 개념에 대해서는, Jacques Lucan, 『오늘의 건축을 규명하다』, 남성택 역, Spacetime, 2019, 146 & 190-194쪽 참조.

31 주름 개념은 동일성의 시각이 아닌 차이와 생성의 관점으로 이 세계를 파악한다. 이 개념은 형상과 배경, 내부와 외부, 대지와 건물이라는 전통적인 이분법을 거부하고 이들을 하나의 주름 잡힌 표면으로 통합하려는 경향이 강하다. 형태와 의미를 위한 중성적 은유로서 게리 작품에서 자주 등장하는 주름진 휘장drapery이 배태된 배경이다.

32 게리 자신은 물결치는 외관 모습의 영감을 베네치아 화파 창시자인 벨리니Giovanini Bellini, 1430-1516가 50여 년 동안 다수 그린 '성모자聖母子'에서 성모가 입은 옷의 주름, 조각가이자 화가인 슬뤼테르Claus Sluter, 1340?-1406가 조각한 '대담왕 필립의 무덤에서 나온 문상객'의 얼굴에 덮인 천과 긴 예복의 주름, 얀 베르메르Jan Vermeer, 1632-1675가 1962년에 그린 '물 주전자를 들고 있는 젊은 여인'에서 여인이 머리에 쓴 주름 잡힌 숄 등에서 영감을 받았음을 밝혔다. B. Isenberg, 『프랭크 게리와의 대화』, 이상근 역, 위즈덤피플, 2011, 236쪽.

33 https://www.dezeen.com/2021/06/30/frank-gehry-luma-arles-tower-iwan-baan.

34 Rafael Moneo, 『라파엘 모네오가 말하는 8인의 현대 건축가』, 이영범 외 3인, 공간사, 2008, 310쪽.

35 https://realities-united.com/realitiesinfos 참조.

36 https://www.archdaily.com/440979/happy-birthday-sir-peter-cook 참조.

37 피터 쿡의 플러그인 시티에 대해서는, https://www.archdaily.com/399329/ad-classics-the-plug-in-city-peter-cook-archigram 참조.

38 https://en.wikipedia.org/wiki/Jean_Prouv%C3%A9.

39 F. Edelmann, F., "Architectural exoticism at the service of ethnology", *Domus*, 28, Aug. 2006.

40 생산주의productivism는 성장주의growthism라고 불리기도 하는데, 측정 가능한 생산성과 성장이 인간 조직(예: 작업)의 목적이며 "생산량이 많을수록 반드시 좋다."고 믿는다.

41 르코르뷔지에, 『작은집』, 이관석 역, 열화당, 2012, 45-49쪽.

참고문헌

국내 단행본 및 잡지

라파엘 모네오, 『라파엘 모네오가 말하는 8인의 현대 건축가』, 이영범 외 3인, 공간사, 2008.

르코르뷔지에, 『건축을 향하여』, 이관석 역, 동녘, 2002.

르코르뷔지에, 『프레시지옹』, 정진국·이관석 공역, 동녘, 2004.

르코르뷔지에, 『오늘날의 장식예술』, 이관석 역, 동녘, 2007.

르코르뷔지에, 『작은집』, 이관석 역, 열화당, 2012.

마르코 카타네오 외 1인, 『유네스코 세계고대문명』, 이은정 역, 생각의 나무, 2004.

마르코 카타네오 외 1인, 『유네스코 세계문화유산』, 김충선 역, 생각의 나무, 2004.

바바라 이젠버그, 『프랭크 게리와의 대화』, 이상근 역, 위즈덤피플, 2011.

블라디슬로프 타타르키비츠, 『미학의 기본개념사』, 손효주 역, 미진사, 1990.

아르놀트 하우저, 『예술과 사회』, 한석종 역, 홍성사, 1981.

이관석, 『빛을 따라 건축적 산책을 떠나다』, Spacetime, 2004.

이관석, 『현대 뮤지엄 건축』, 열화당, 2014.

이관석, 『르코르뷔지에의 건축 수업』, 문운당, 2018.

이관석, 『뮤지엄, 공간의 탐구』, 경희대학교 출판문화원, 2021.

이춘건, 『PARIS』, 도서출판 백조, 1990.

임채진 외 19명, 『길을 걷다 마주치는 유럽 뮤지엄』, 한국문화공간건축학회, 2016.

자크 뤼캉, 『오늘의 건축을 규명하다』, 남성택 역, Spacetime, 2019.

논문

안홍범·이관석, 「노먼 포스터의 '까레 다르'에 관한 연구」, 『대한건축학회 대전·충남지회 논문집』, 제6권 1호, 1999.

이관석, 「아를르 고고학박물관에 나타난 삼각형 형태의 의미와 그 전시공간의 구현에 관한 연구」, 『대한건축학회논문집』, 제14권 5호, 1998.

이관석, 「James Stirling의 초기 미술관 계획안에 나타나는 도시 맥락성」, 『대한건축학회논문집』, 제17권 5호, 2001.

이관석, 「노먼 포스터의 뮤지엄들에 나타나는 기술적 이미지와 맥락적 조화」, 『대한건축학회논문집』, 제32권 5호, 2016.

해외 단행본, 잡지

Allan, J. R. & others, "Gaps and opportunities for the World Heritage Convention to contribute to global wilderness conservation", *Conservation Biology*, 32 (1), 2018.

Apollinaire, G., *Calligrammes poèmes de la paix et de la guerre 1913-1916*, Mercure de France, 1918.

Benoist, F., "Les origines et l'histoire du Musée Lapidaire de la ville d'Arles", *Mémoire de l'Institut historique de Provence*, 1934.

Boudon, J., "Quel environnement pour le musée", *Le Meriodional*, 29 mars 1995.

Ciriani, H., "Le regard de l'architecte Henri Ciriani", *Le Monde*, le 04-02-93.

Edelmann, F., "Architectural exoticism at the service of ethnology", *Domus*, 28, Aug. 2006.

Foster, N., "Studio in Norman Foster", *GA Document Extra 12*, 1989.

Gerhard M., *The Museum as Sculpture*, *Art Museums Into the 21st Century*, 1999.

Hozumi, N., "Kevin Roche", *A+U*, 1987.

Hudson, K., "The Museum refuses to Stand Still", *Museum International* 50, n° 1, 1998.

Laugier, M.-A., "General Principles of Architecture", *An Essay on Architecture*, translated by Wolfgang and Anni Herrmann, Hennessey & Ingalls, Inc., 2009.

Loriers, M.-C., "La Modernitie à l'oeuvre", *Techniques & Architecture*, n°49, 1993.

Lucan, J., "Tout est commencé là", *Le Corbusier, une encyclopédie*, Centre Georges Pompidou, 1987.

Papadakis, A., *l'Architecture Aujourd'hui*, Pierre Terrail, 1991.

Ragot, G., *Musée à croissance illimitée*, *Le Corbusier, une encyclopédie*, Centre Georges Pompidou, 1987.

Tidwell, P., "M/S Maritime Museum of Denmark", *Architectural Record*, Feb. 2014.

Tschumi. B., "*Architecture and Disjonction*", trans. by Lyu, H. & Seo, j., Si+Gong, 2003.

Dossier-Programme du concours, Centre historique de la Grande Guerre.

Operational Guidelines for the Implementation of the World Heritage Convention, World Heritage Centre, 2017.

Procès-verbal de la réunion du jury pour le premier degré du concours, Ville d'Arles, le 22 avril 1983.

웹사이트

http://blog.daum.net/djp43/15337691

http://www.pritzkerprize.com/1996/essay

http://www.theacropolismuseum.gr

http://www.visual-arts-cork.com/prehistoric/solutrean-art.htm

https://archello.com/project/the-danish-maritime-museum

https://de.wikipedia.org/wiki/R%C3%B6misch-Germanisches_Museum

https://elpais.com/elpais/2014/03/19/inenglish/1395240790_981686.html

https://en.wikipedia.org/wiki/Abu_Simbel_temples

https://en.wikipedia.org/wiki/Acropolis_of_Athens

https://en.wikipedia.org/wiki/Arles

https://en.wikipedia.org/wiki/Augusta_Emerita

https://en.wikipedia.org/wiki/Carr%C3%A9_d%27Art

https://en.wikipedia.org/wiki/Cave_of_Altamira

https://en.wikipedia.org/wiki/Cologne_Cathedral

https://en.wikipedia.org/wiki/Eiffel_Tower

https://en.wikipedia.org/wiki/Hamlet

https://en.wikipedia.org/wiki/IRCAM

https://en.wikipedia.org/wiki/Jean_Prouv%C3%A9

https://en.wikipedia.org/wiki/Kronborg

https://en.wikipedia.org/wiki/Kunsthaus_Graz

https://en.wikipedia.org/wiki/Marcelino_Sanz_de_Sautuolahttps://en.wikipedia.org/wiki/Magdalenian

https://en.wikipedia.org/wiki/Mosan_art

https://en.wikipedia.org/wiki/M/S_Maritime_Museum_of_Denmark

https://en.wikipedia.org/wiki/Museum_Ludwig

https://en.wikipedia.org/wiki/Mus%C3%A9e_du_quai_Branly_%E2%80%93_Jacques_Chirac

https://en.wikipedia.org/wiki/M%C3%A9morial_des_Martyrs_de_la_D%C3%A9portation

https://en.wikipedia.org/wiki/National_Museum_and_Research_Center_of_Altamira

https://en.wikipedia.org/wiki/Pericles

https://en.wikipedia.org/wiki/Seine

https://en.wikipedia.org/wiki/Stravinsky_Fountain

https://en.wikipedia.org/wiki/The_Primitive_Hut

https://en.wikipedia.org/wiki/UNESCO

https://en.wikipedia.org/wiki/Wallraf%E2%80%93Richartz_Museum

https://en.wikipedia.org/wiki/World_Heritage_Site

https://es.wikipedia.org/wiki/Museo_Nacional_de_Arte_Romano

https://fr.wikipedia.org/wiki/Mus%C3%A9e_de_l%27Arles_antique

https://fr.wikipedia.org/wiki/Mus%C3%A9e_national_d%27art_romain_de_M%C3%A9rida

https://ko.wikipedia.org/wiki/%EC%95%8C%ED%83%80%EB%AF%B8%EB%9D%BC_%EB%8F%99%EA%B5%B4

https://realities-united.com/realitiesinfos

https://whc.unesco.org/en/list/292

https://whc.unesco.org/en/list/600

https://whc.unesco.org/en/tentativelists/5723

https://www.archdaily.com/399329/ad-classics-the-plug-in-city-peter-cook-archigram

https://www.archdaily.com/440979/happy-birthday-sir-peter-cook

https://www.archdaily.com/964109/luma-arles-gehry-partners

https://www.culturaydeporte.gob.es/mnromano/home.html

https://www.dezeen.com/2021/03/15/luma-arles-frank-gehry-aluminium-tower-france/

https://www.flickr.com/photos/carolemage/8115570743

https://www.fosterandpartners.com/projects/carre-d-art

https://www.ice-age-europe.eu/visit-us/network-members/museum-of-altamira.html

https://www.luma.org/en/arles/about-us/luma-arles

https://www.onac-vg.fr/hauts-lieux-memoire-necropoles/memorial-des-martyrs-de-la-deportation

https://www.spain.info/en/places-of-interest/national-museum-research-centre-altamira

https://www.wallpaper.com/architecture/frank-gehry-luma-tower-arles-france

https://www.wmagazine.com/culture/luma-arles-art-center-frank-gehry-van-gogh-maja-hoffmann-interview

https://www.worldhistory.org/Altamira

사진 출처

김은광 165(위, 오른쪽); 김종오 148, 149(아래); 민현준 144(위), 145; 박홍순 144(아래); 윤환주 168(아래); 이관석 87(위), 126, 127(아래), 130, 142(아래), 143(위), 149(위), 150, 154(위, 오른쪽), 158(아래), 161(위), 170(오른쪽), 171(왼쪽), 179, 181(가운데), 185, 199(아래), 202(아래), 223, 229, 230(위, 왼쪽), 230(아래, 왼쪽), 230(오른쪽), 231(위), 231(아래), 235(위), 235(아래), 236, 237(아래); 이다은 68(아래), 83, 84(가운데), 84(아래), 163(아래); 이다혜 71(위, 오른쪽), 82(아래), 87(아래), 211(가운데); 이상황 211(아래); 정재헌 219, 222; Henri Ciriani 40, 41, 168(위), 168(가운데), 198, 199(위), 200, 201, 202(위)

commons.wikimedia.org.wiki/Category:Images 위키피디아

Adam Jones 155(위, 오른쪽); Albion at wts wikivoyage 155(위. 왼쪽); Alexey Komarov 109(아래, 오른쪽); Alonso de Mendoza 47, 53(위), 53(아래), 140(아래, 왼쪽); Andrew Dunn 59; Anual 152(왼쪽), 152(오른쪽); Ardfern 131(왼쪽); Arnauld 25 165(아래); ASaber91 69(아래); Behn LIEU SONG 64(위), 71(가운데); Bezenjamiín Múñ González 209(왼쪽); Bjs 175; Brian Wee 91(아래); Broenberr 142(가운데); Carole Raddato 35(위), 38, 100(왼쪽), 103(위), 103(아래), 116(아래); CEphoto. Uwe Aranas 147; Chensiyuan 33; Christophe Meneboeuf 55; Culturespaces 116(위); Daniel Villafruela 49; Daniel Vorndran 75(아래), 76; Davide Mauro 215; Dietmar Rabich 74(위), 75, 204; Dr.Splif 107(위); DXR 65(아래); Eric Salard 86; Erik Drost 171(오른쪽); etcname 170(왼쪽); Finoskov 139(왼쪽); Flaxlim 176; FrancisHannaway 71(위, 왼쪽); Gérard Ducher 67(아래); giggel 135; Guilhem Vellut 78(아래), 80(왼쪽), 131(오른쪽), 191(위), 191(아래); Guillaume Cattiaux 172(아래); Gunawan 23(아래); Hans Peter Schaefer 37(위); Heinz Bunse 95(오른쪽); Institute for the Study of the Ancient World 114(아래, 오른쪽); Janericloebe 68(위); Javier del Castillo 210(아래); Jean-Pierre Dalbéra 87(가운데), 234(왼쪽), 234(오른쪽); Jebulon 76(위, 오른쪽); joergens.mi 217(아래); JordiCuber 100(오른쪽); Jordiferrer 140(오른쪽); Jorge Láscar 65(가운데); Jörn Wendland 91(가운데, 오른쪽); José Luis Filpo Cabana 140(위, 왼쪽), 208; Juliette Jourdan 227(아래); Karen Rustad 107(아래); Kolner 96(위); KoS 65(위); Krzysztof Golik 114(위), 115(위);

k-tec GmbH 225; Laura Eva 154(아래, 오른쪽); Laurom 36(위, 왼쪽); Luis Pita Moreno 210(위); Marc Ryckaert 22(아래); Marion Schneider & Christoph Aistleitner 178; Martin Kraft 35(아래); Max Hasak 96(아래); Mbzt 36(위, 오른쪽); MM 36(아래, 오른쪽), 92; Moonik 71(아래); Museo de Altamira 50; Neuwieser 99; News Oresund 133(아래); Nitot 63(아래), 67(위); Octopus 93; own work 111(아래); Pappnaas666 104; Peulle 184(위); Pedelecs 97; P e z I 73; Przemyslaw Sakrajda 37(아래); Pudelek 109(위, 왼쪽); Raimond Spekking 105, 106(위), 166; Rapilor 233; Richard Mortel 109(위, 오른쪽); Robert Schediwy 154(아래, 왼쪽), 159(위); Rory Hyde 159(아래); RVsu 45; Ryan Park 162; Saqib 23(위); seier+seier 193(아래); Senza senso 209(오른쪽); Sharaf Al Deen 22(위); Sharon Mollerus 218(위); Steve Dwayne 56; Suicasmo 137; Tangopaso 66; Than217 at English Wikipedia 22(가운데); theusmanmali 216(왼쪽), 216(오른쪽); Thomas Robbin 151; Thomas Wolf 6(아래), 136; Tilemahos Efthimiadis 61(아래, 오른쪽); tomislav medak 61(아래, 왼쪽); Trajan 36(아래, 왼쪽); Txllxt TxllxT 61(위); US-Army history images 98; Veronique PAGNIER 155(아래, 왼쪽), 155(아래, 오른쪽); Viault 101; VonRalph 91(위, 오른쪽), 94(위), 153(왼쪽), 207; Wagner51 64(아래); Walking Tractor 154(위, 왼쪽); Wandrille de Préville 63(가운데); Wittekind-Marta 221(오른쪽); Wolfgang Staudt 118(위); Xosema 90; Yair Haklai 108, 109(아래, 왼쪽), 111(위); Yvon Fruneau 51; Zairon 69(위); 663highland 143(아래, 왼쪽), 165(위, 왼쪽)

https://upload.wikimedia.org/wikipedia/commons/

e/e8/Musee_quai_branly_eiffel.jpg 187(아래); thumb/1/12/Paris_Pont_de_Sully_IMA_dsc04039.jpg/1200px-Paris_Pont_de_Sully_IMA_dsc04039.jpg 172(위); thumb/7/7c/M%C3%A9morial_des_Martyrs_de_la_D%C3%A9portation%2C_Paris%2C_April_2018_%2807%29.jpg/640px-M%C3%A9morial_des_Martyrs_de_la_D%C3%A9portation%2C_Paris%2C_April_2018_%2807%29.jpg 80(오른쪽); 0/01/Galeries_Lafayette%2C_Paris_June_2002.jpg 84(위); 5/55/VR_Merida_02.JPG 91(위, 왼쪽)

https://live.staticflickr.com/

547/31802591796_6229134b8b_b.jpg 214; 1198/1199276352_a71ca5bf66.jpg 187(위); 1829/41540112060_0abc8580d6_b.jpg 118(아래); 65535/50242304652_19d3a8a43d_b.jpg 220(위)

http://c1.staticflickr.com/

1/543/19227828749_b54e17cf27_b.jpg 221(아래, 왼쪽); 34/30684886133_efd7345ebd_b.jpg 161(아래)

https://c2.staticflicker.com/

2/1006/1198411557_36b7716e48_z.jpg?zz=1 138(아래); 4/3525/3758682083_a821a1a2c3_z.jpg 139(오른쪽)

https://2.bp.blogspot.com

-BVjoNZsvi3MW_ujrPTCOCIAAAAAAAAFocsjDO7hl2x6gywPoijypespOyHKZgXJ5 8gCLcBGAss1600%255BNOTA%255D%2BLA%2BTORRE 43(위); -YUpI1kpL2vY/T2yhtQxN6sI/AAAAAAAAAEQ/pin2u3IWv5Q/s1600/1274907962-cr3849-169-1000x430.jpg 188

http://i.pinimg.com/

736x/5d/c0/d9/5dc0d9f65c5bfba6d7e104fb32cf4f67—renzo-piano-terra-cotta.jpg 129; originals/ff/6a/2e/ff6a2e271e0b4718ad2025a077583b35.jpg 217(위)

http://cdn.japantimes.2xx.jp/wp-content/uploads/2016/03/p16-bryson-naoshima-d-20160327-e1459046606248.jpg 143(아래, 오른쪽); farm3.staticflickr.com/2773/4266629267_28d25c2237_z.jpg 184(아래);farm4.staticflickr.com/3388/3204994072_94a85fdffa_z.jpg 237(위);files.guidedanmark.org/files/408/408_313373.jpg 194; www.flickr.com/photos/89649959@N00/3346696919 227(위); images-wixmp-ed30a86b8c4ca887773594c2.wixmp.com/f/b2821363-e4a4-4398-a1ae... 114(아래, 왼쪽); images.adsttc.com/media/images/52f3/c961/e8e4/4efa/5e00/0046/large_jpg/BIG_Danish_Maritime_Museum_%C2%A9Hufton_Crow_1.jpg?1391708501 133(위); media.npr.org/assets/news/2009/10/19/acropolis02.jpg?t=1255961683&s=51 218(아래); pueblosespana.es/uploads/photos/391.jpg 91(가운데, 왼쪽); sites.psu.edu/museumstudies2015/wp-content/uploads/sites/21398/2015/01/96794-050-DC770CEB.jpg 169; www.architecturalrecord.com/ext/resources/archives/projects/Building_Types_Study... 195(아래); www.archivitamins.com/wp-content/uploads/2013/08/670710_5_6d60_peter-cook-archigram-instant-city-visits.jpg 226(오른쪽); www.connectingcultures.it/wp-content/uploads/2020/02/5_Nimesallestimento-ph-Ettore-Favini-1-scaled.jpg 212(위); www.fondationcartier.com/uploads/images/BAT-4221.jpg 174; www.yatzer.com/sites/default/files/styles/featured/public/big_maritimemuseum.jpg?itok=5FgUEQPg 195(위); 1.bp.blogspot.com/_hYOcVneR-ZI/S8NwxwtUXQI/AAAAAAAAAPg/ 2nY5Xsr8Nxs/s1600/archigram.gif 226(왼쪽); 62e528761d0685343e1c-f3d1b99a743ffa4142d9d7f1978d9686.ssl.cf2.rackcdn.com/files/132559/area14mp/image-20160801-25637-17aq4ar.jpg 224

Le Corbusier, Oeuvre Complete:

vol. 1, 1910-1929, Artemis, p.190. 163(위); vol.2, 1929-1934, Artemis, p.70. 164

지은이

이관석 李官錫

한양대학교 건축학과를 졸업하고 삼성종합건설에 입사해 엔지니어로서 리비아와 사우디아라비아에서 건설현장을 경험했다. 이후 파리로 건너가 국립파리벨빌건축대학에서 프랑스 건축의 대가이자 르코르뷔지에 건축에 정통한 앙리 시리아니를 만나 건축설계를 공부했고 르코르뷔지에의 건축정신에 주목하게 됐다. 파리1-판테온소르본대학교 예술사학 박사과정에서는 근현대 건축사와 현대 뮤지엄 건축을 연구했다. 프랑스 정부공인 건축가이자 예술사학 박사로서 한남대학교를 거쳐 현재는 경희대학교 교수로 후학들과 건축을 교감하면서 르코르뷔지에의 건축과 현대 뮤지엄 건축을 집중 연구하고 있다.

저서로는 『빛을 따라 건축적 산책을 떠나다』, 『한국현대건축편력』, 『르코르뷔지에, 근대 건축의 거장』, 『건축, 르코르뷔지에의 정의』, 『빛과 공간의 건축가 르코르뷔지에』, 『현대 뮤지엄 건축』, 『르코르뷔지에의 건축 수업』, 『뮤지엄, 공간의 탐구』가, 역서로는 『건축을 향하여』, 『프레시지옹』, 『오늘날의 장식예술』, 『느림의 건축을 위하여』, 『작은 집』 등이 있다.

역사와 현대 건축의 만남

초판1쇄 인쇄 2022년 3월 3일
초판1쇄 발행 2022년 3월 10일

지은이 이관석
펴낸이 한균태
책임편집 최정미
디자인 양송희

펴낸곳 경희대학교 출판문화원
주소 서울시 동대문구 경희대로 26
전화 02-961-0106~8
팩스 02-961-0291
설립 1960년 9월 16일 제5-8호
등록 1977년 11월 8일 제6-5호
홈페이지 www.khupress.com
전자우편 press@khu.ac.kr

ISBN 978-89-8222-716-5 (03600)